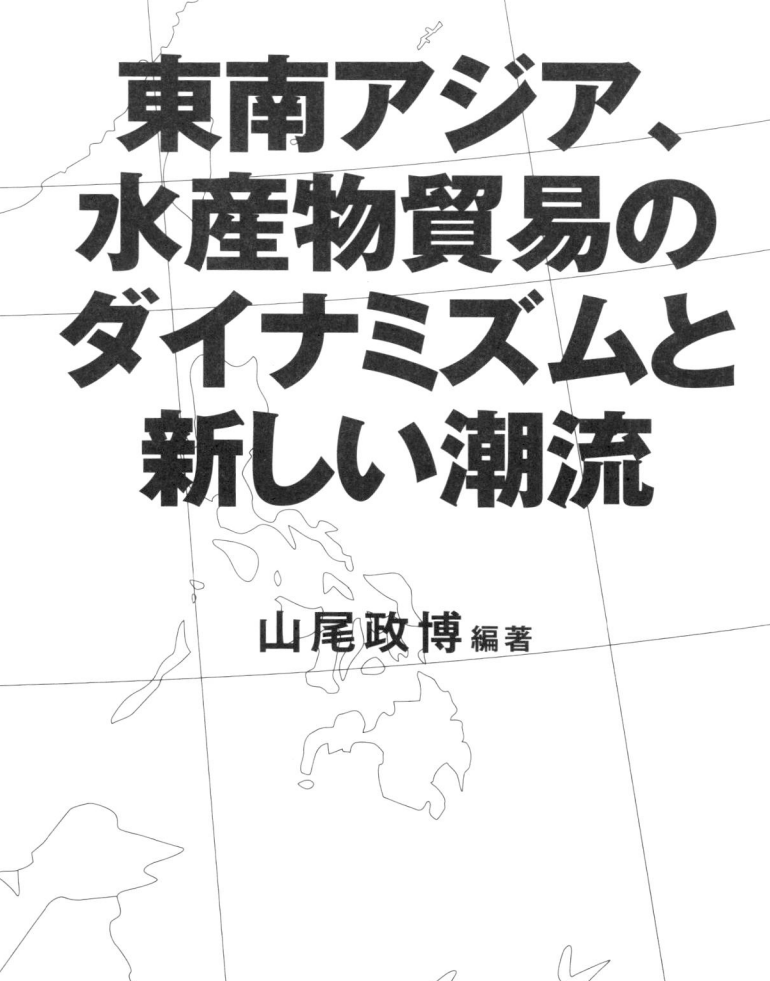

東南アジア、水産物貿易のダイナミズムと新しい潮流

山尾政博 編著

北斗書房

― 目　次 ―

【Ⅰ部　はじめに】

第1章　水産物貿易のダイナミズムをみる ……………(山尾政博)　3

　1　アジアの片隅から　3
　2　東アジアにみる水産物貿易と地域漁業　4
　3　本書の構成　6

【Ⅱ部　貿易と分業に関する潮流】

第2章　東アジア水産物貿易の潮流 ……………………(山尾政博)　11
　　―食品産業クラスター、国際分業、消費市場―

　1　東アジア水産物貿易のダイナミズム　11
　2　東アジアにおける水産業の拠点形成　15
　3　域内貿易の拡大と在来型貿易の新たな発展　18
　4　東南アジア水産物貿易の新しい波　26
　5　おわりに　31

【Ⅲ部　輸出志向型水産業】

第3章　マグロ関連産業の国際潮流と漁場 ……………(山下東子)　37
　　―マグロ缶詰を中心に―

　1　マグロ缶詰の定義と種類　37
　2　原料と缶詰の生産トレンド　41
　3　タイと東南アジア　47
　4　韓国と日本　51
　5　おわりに　55

― 目　次 ―

第4章　インドネシアのマグロ産業の発展と対日輸出
　　　　　　　　　　　　　……（鳥居享司・Achmad Zamroni）　57
　1　はじめに　57
　2　ベノアにおけるマグロ産業の概要　60
　3　生鮮マグロ輸出企業の動向　66
　4　マグロ加工企業の動向　71
　5　おわりに　77

第5章　フィリピンの水産物貿易の特徴　………………（山尾政博）　79
　―ある日系企業の活動を通して―
　1　はじめに　79
　2　フィリピンの水産業と日系企業　80
　3　日系水産加工企業の活動と特徴　82
　4　おわりに　94

第6章　日本の水産物輸出の新たな展開と課題　………（天野通子）　97
　―愛媛県における養殖ブリ・マダイの事例―
　1　はじめに　97
　2　愛媛県内の水産物加工流通企業における輸出動向　98
　3　行政による支援策の動き　106
　4　輸出志向型水産業構築に向けた課題　111

【Ⅳ部　東南アジアの消費と流通】

第7章　シンガポールにおける魚介類消費と日系企業の活動
　　　　　　　　　　　　　………（鳥居享司）　117
　1　はじめに　117
　2　シンガポールの「食」事情　118
　3　シンガポールにおける魚介類流通の概要　121
　4　日系企業の活動　122

    5　おわりに　　　　　　　　　　　　　　　　　　　127

第8章　バンコクにおける日本食普及の現状　………（天野通子）　１２９

    1　はじめに　　　　　　　　　　　　　　　　　　　129
    2　バンコクで普及する日本食　　　　　　　　　　　129
    3　バンコクの日本食ブームを支えるサプライチェーン　134
    4　日本産水産物輸出に向けて　　　　　　　　　　　136
    5　おわりに　　　　　　　　　　　　　　　　　　　138

【Ⅴ部　貿易と資源】

第9章　フィリピンの沿岸漁業と市場流通の動向　…………（山尾政博）　１４１
　　　　―パナイ島バナテ湾のカニ漁業を事例に―

    1　沿岸漁業の構造変化と市場　　　　　　　　　　　143
    2　フィリピンのカニ漁業の発展と水産物貿易　　　　145
    3　バナテ湾地域のカニ漁業をめぐる集荷と加工　　　149
    4　輸出志向型カニ漁業ブームがもたらすもの　　　　163

第10章　ワシントン条約における水産物の管理動向と課題
　　　　　　　　　　　　　　　　………（赤嶺　淳）　１６５
    1　はじめに　　　　　　　　　　　　　　　　　　　165
    2　ナマコ戦争　　　　　　　　　　　　　　　　　　166
    3　ワシントン条約　　　　　　　　　　　　　　　　167
    4　ワシントン条約における漁業種の重要性　　　　　169
    5　CITESにおけるタツノオトシゴ類のあつかい　　　173
    6　ワシントン条約におけるナマコ問題　　　　　　　176
    7　おわりに　　　　　　　　　　　　　　　　　　　180

第 11 章　観賞用魚の国際物流 ……………………………………（山下東子）１８０

 1　はじめに　　　　　　　　　　　　　　　187
 2　日本の観賞用魚の貿易　　　　　　　　187
 3　世界の貿易トレンド　　　　　　　　　190
 4　輸出元の状況　　　　　　　　　　　　195
 5　おわりに　　　　　　　　　　　　　　201

【Ⅵ部】　おわりに ……………………………………………………（山尾政博）２０３

I部　はじめに

インドネシア・スマトラ島アチェの漁港

第1章　水産物貿易のダイナミズムをみる

山尾政博

1　アジアの片隅から

世界の水産物貿易の動き

　世界の水産物貿易は大きく動いている。

　先進国における水産物需要の増大に加え、新興国市場では、国民1人当たりの所得増加にともなう食生活の変化があり、水産物の消費内容も形態も大きく変わってきている。中国を始めとする新興国、それに開発途上国の輸入割合が増え、日本や欧米の先進国を中心にした水産物輸入市場は多極化の時代を迎えている。

　水産物貿易は、これまでとは違う動きを見せている。

　かつては、開発途上国・地域から比較的高価な魚種や低次加工品が、主に先進国市場向けに輸出されていた。一方、安価な缶詰や加工品が大量に先進国から開発途上国に輸出されていた。今では、先進国の生産性の高い漁業・養殖業が、輸出志向型の産業として再編されて、原料供給の役割を果たすことがある。それを可能にしているのが、食品工業が高度に発展し、集積している新興国・地域の存在である。原料の供給を担う漁業・養殖業と、食品工業との間には、国際的な役割分担ができあがっている。食品工業では、他の産業と同じように、国境を越えた企業内分業、企業間分業が広がっている。また、養殖生産過程も国境を越えて細分化されている。

グローバルなシステム化へ

　水産業における分業関係の発展に拍車をかけているのが、世界的に進む貿易自由化の動き、FTA（自由貿易協定）、多角的な経済連携協定 (EPA)、経済共同体を結成する動きである。国際商品である水産物に対する貿易障壁は概して低く、物流技術とそれを支えるインフラストラクチャーは格段に進歩している。

　持続可能な漁業に関する認証の MSC(Marin Stewardship Council)、養殖生産工程管理の GAP(Good Aquaculture Practice)、危害要因分析に基づく必須管理点の HACCP(Hazard Analysis Critical Control Point) など、水産食品の分野にもグローバル認証やそれを裏付けるシステムが導入されている。一定以上の品質と安全性を求め、各国で実施される諸基準の同等性と同質性を確保しようとするグローバル化の波が大きくなっている。このように、生産から、流通・加工、消費、廃棄にいたる過程がシステム化され、そのなかに生産者、流通・加工企業も組み込まれようとしている。

　本書は、アジアの片隅にて、水産物貿易のダイナミズムを肌で感じながら調査研究を続けてきた著者たちが、その一端を切り取ったものである。アジアの片隅にある漁村、漁港、産地、消費地などが、世界の水産物貿易市場にどのようにつながって連なっているのかを取り上げている。内容が断片的であったり、時制が一致していなかったり、国や地域がまちまちであるなど、全体像をとらえたものではない。それでも、次章以下を読んでいただけると、東アジア（東南アジアに日本、中国、韓国を加えた地域）が、今、あたかもひとつの市場圏のように動き、世界市場における存在感の大きさを垣間見ることができるのではないだろうか。

2　東アジアにみる水産物貿易と地域漁業

地域漁業と貿易

　貿易が地域漁業のあり方にどのように作用しているか、本書では、事例分

析を中心に捉えている。東アジア全体では、もともと域内での水産物交易が盛んであったので、輸出は数あるうちの販路のひとつに過ぎなかった。国境を越えて他の国の消費地市場と結び着く漁業は多種多様であり、地域に深く根ざした在来型貿易が各地にみられる。その一方、大規模な生産と近代的な食品工業、巨大な消費需要と結び付いた貿易は、エビを始めとする多数の事例研究があるように、水産資源や生態系にはるかに強く影響している。

　水産加工業、食品製造業が高度に発達した東アジアでは、魚種や漁業種類によって貿易から受ける地域漁業のインパクトはさまざまである。逆に、地域漁業の存在形態が、流通や加工、貿易のあり方を決めることもある。

分業の深化と市場圏の広がり
　日本を含む東アジアの水産業は、魚介類や水産食品の輸出入統計数値にみられる以上に、深い分業関係の上になりたっている。本書は、水産業、食品加工業の中に深く立ち入って分析するものではないが、国境を越えた企業間分業が大きな潮流になっているのは確かである。養殖業についても、採卵、種苗生産、中間魚、成魚といった段階に対応した役割分担ができあがっている。
　中国、日本、韓国はもとより、東南アジアの各国には首都圏以外にも、消費市場圏が形成されつつある。巨大な水産物消費市場圏は、国内産地とともに周辺国の漁港、卸売市場、加工場を巻き込んだ流物体系を作りあげている。周辺国産地の国内産地化が進んでいると言える。

日本からみた東アジア水産物市場
　日本が中心であった東アジアの水産物輸入市場は、中国や東南アジア諸国が輸入市場として成長を続けている。世界第一位であった日本の輸入市場の比重は下がり、かつての購買力はみられない。経済力の相対的低下が背景にはあるが、底流には、日本人のライフスタイルの変化があり、少子高齢化と人口減少の影響を強く受けている。長期にわたる経済不況とデフレ下にあって、消費者の「魚離れ」がいっそう進んでいる。そのため、農水産業の再生

戦略のひとつに輸出振興を掲げ、欧米はもとより、東アジアを有望市場ととらえて、日本の食品輸出の可能性を広げていかなければならない、との認識が広がっている。衰退する日本の地域漁業が海外市場に活路を求める動きは、これまでには見られなかったことである。残念ながら、2011年3月11日におきた東日本大震災と東京電力福島第一原子力発電所の放射能洩漏事故によって、水産物輸出は大きな打撃を受けた。その後、海外での日本食ブームの広がりと円安傾向の中で、水産物輸出は回復する兆しを見せている。しかし、放射能汚染を理由に、日本からの水産物輸入に対する規制を設けている国は多い。こうした状況下においても、衰退を続ける日本の水産業に活路をもたらす新しい販路として、東アジア市場は期待されている。

3　本書の構成

　本書は、東アジアのなかでも主に東南アジア地域に焦点をあてている。それは、執筆者らが長年にわたってこの地域とかかわって調査研究を続けてきたからに他ならない。中国や韓国の水産物貿易については先行研究も多いが、扱う対象としては大きすぎ、論点も多岐にわたることから対象からはずした。

　全体は本章をいれて11章からなるが、大きくは4つの部分に分かれている。

　第1部は、貿易と分業という視点からである。本章に続く第2章において、東南アジアにおける水産物貿易の複雑な潮流をみている。水産食品製造業の世界的な拠点である東アジアは、同時に、巨大な消費需要をもっている。原料から完成品までが複雑に交差しながら需要・消費されている。

　第2部は、東アジアの水産業をリードしてきた輸出志向型水産業の実態分析である。第3章では、一大輸出産業であるマグロ関連産業の動向を、特に缶詰に焦点をあてて整理している。第4章では、同じくマグロ産業が発展しているインドネシアにおいて、対日輸出に力を入れている企業の経営や戦略を分析している。第5章では、他の東南アジア諸国と比べて水産物輸出力が弱いと言われるフィリピンにおいて、対日輸出を軸に地域漁業と深く関わって事業展開を果たしてきた日系企業を紹介している。第6章は、最近関心を

集めている日本の輸出対応型養殖業に関する分析である。主に養殖ブリ・マダイを扱う加工企業の動きと今後の輸出拡大の可能性について触れている。

　第3部は、東南アジアの代表的な都市での水産物の消費と流通である。第7章は、シンガポールにおける魚介類消費の動きを、現地で活動する日系企業を通して分析している。第8章は、タイのバンコクにおける日本食の普及状況と日本からの水産物輸出の可能性を検討した。いずれの章も、今後の日本の水産物輸出増大の可能性を視野に入れた実態調査を踏まえている。

　第4部は、貿易と資源の持続的利用に対する考察である。第9章では、アメリカ輸出向けのカニ漁業がフィリピン各地に広がっているが、資源の減少ないしは枯渇という問題に直面している。輸出志向型のカニ漁業の発展過程とそれがもたらす資源問題について分析している。第10章は、東南アジアで過剰漁獲の状況にあるナマコ等を事例にしながら、ワシントン条約における水産物の管理動向と課題について述べてある。輸出志向型の水産業、特に欧米向けについては、違法漁業にもとづかない、持続的な資源利用が求められている。第11章は、観賞用魚の国際物流に関する分析である。鑑賞用魚については他の魚種に比べて研究が少ないが、その生産はすでに国際分業化されており、様々な場面でその資源の保全措置が求められている。

　ダイナミックに動く東アジアの水産物貿易を、さまざまな観点から論じることにより、この地域で生じている水産物消費の新しい動き、漁業・養殖業の生産構造の変化、市場・流通の移り変わりなどを捉えることができる。2015年にアセアン経済共同体の成立を控えた東南アジアでは、水産業・養殖業、水産加工業の分業化の進展とともに、域内食文化が交錯し、水産物消費をめぐる交流がいっそう深まっている。

　一方、急成長を遂げている水産業及び水産関連産業は、資源の持続的利用、環境保全への配慮を強く求められている。貿易拡大がもたらす資源の過剰な利用や環境破壊は言うまでもない。調和のとれた水産業の発展と消費の拡大はこれからも大切な課題である。流通や消費のあり方は大きく変わってきて

おり、資源の持続性、環境や生態系に配慮した体制への移行も遅々としてではあるが、進んできている。また、貿易体系にそれらを反映させる動きが先進国から次第に周辺国へと広がりつつある点にも注目したい。

謝辞

　本書の内容の多くは、文部科学省科学研究費補助金基盤（B）『東南アジア水産業の競争構造と分業のダイナミズムに関する研究』（代表者：山尾政博、課題番号：21405026）の調査と成果に基づいています。記して感謝します。また、本書の出版を快く引き受けていただき、煩雑な作業に労と時間を割いていただいた、有限会社北斗書房の山本義樹様には深く感謝いたします。私たちの研究成果をこのような形で社会に送ることができたのは、北斗書房のスタッフの皆さまのお陰です。

II部　貿易と分業に関する潮流

タイのマハチャイ漁港

第2章 東アジア水産物貿易の潮流
――食品産業クラスター、国際分業、消費市場――

山尾政博

1 東アジア水産物貿易のダイナミズム

1）世界の水産物貿易と東アジア

　着実に経済成長を続ける東アジアは、世界の食料貿易の中心的な役割を果たしながら、巨大な食料消費市場として高い成長率を示している。国際連合食糧農業機関(FAO)がまとめた資料によると、世界の魚介類の総供給量1億2560万トンのうち、アジアは全体の68％にあたる8540万トンを占め、1人当たり年間供給量は20.7kgとなる。先進工業国の水準には達していないが、高い漁業生産力を有している。

　その高い生産力を背景にして、アジアには水産物輸出大国が幾つもある。中国、タイ、ベトナムが世界10位以内に入っている。2000年から2010年にかけての中国とベトナムの成長率は、それぞれ13.9％、13.2％ときわめて高い水準にある。中国は世界最大の輸出国であり、アジアではタイがそれに続く。最近はベトナムがタイに迫る勢いで輸出を伸ばしている。この3か国で世界の水産物輸出額の23.5％を占めている。

　アジアの輸出量は、世界の輸出量の33～35％を占めているが、この10年間で10％近く増えている。金額では大きな変化はないが、これも世界全体の33～35％を占めている。

　一方、世界全体の輸入の動きをみると、全体の輸入金額の年率の伸びは6.4％だが、10大輸入国に限ってみると、平均は10.3％である。なかでも、スウェーデンと中国がきわめて高い伸び率を示し、ヨーロッパの主要先進国

が続く。これは、BSE（牛海面状脳症）を始めとする家畜・家禽の病気の蔓延を懸念した消費者が、安全志向と健康志向を強めたこともあって水産物消費が増えたのである。また、EU通貨のユーロが各国通貨に対して強くなったことも影響している。

対照的な動きを見せたのが日本である。2000年から2010年にかけて日本の水産物輸入は減少を続けた。農林水産省『水産白書』が毎年のように指摘するように、1人当たり消費量が減少して消費者の魚離れがとまらず、また、少子高齢化や経済不況などによる市場の縮小が著しい。日本向けに水産物輸出する側としては、需要が減り、低価格志向を強める日本市場には以前ほどの魅力はない、と言える。

2）進む東アジア水産物市場圏の形成

すでに明らかなように、世界の水産物貿易はダイナミックに動いている。かつて、世界には3つの大きな輸入市場圏が形成されていた。2000年以前

表2-1　1人当たり魚介類供給量（大陸、経済グループ別）2009年

	供給量合計（百万トン）	1人当たり供給量（kg／年）
世界	125.6	18.4
世界（中国除く）	83.0	15.1
アフリカ	9.1	9.1
北アフリカ	8.2	24.1
中南米	5.7	9.9
アジア	85.4	20.7
ヨーロッパ	16.2	22.0
オセニア	0.9	24.6
先進工業国	27.6	28.7
他の先進国	5.5	13.5
低開発国	9.0	11.1
他の開発途上国	83.5	18.0
低所得・食料不足国	28.3	10.1

資料：FAO:THE STATE OF WORLD FISHRIES AND AQUACULTURE 2012

表2-2　世界の10大輸出国の動き

単位：100万ドル、％

	2000年	2010年	年成長率
中国	3,603	13,268	13.9
ノルウェー	3,533	8,817	9.6
タイ	4,367	7,128	5.0
ベトナム	1,481	5,109	13.2
アメリカ	3,055	4,661	4.3
デンマーク	2,756	4,147	4.2
カナダ	2,818	3,843	3.1
オランダ	1,344	3,558	10.2
スペイン	1,597	3,396	7.8
チリ	1,794	3,394	6.6
10ヶ国合計	26,349	57,321	8.1
その他合計	29,401	51,242	5.7
世界合計	55,750	108,562	6.9

注：年成長率は2000～2010年の平均成長率
資料：FAO:THE STATE OF WORLD FISHRIES AND AQUACULTURE 2012

表2-3　世界の10大輸入国の動き

単位：100万ドル、％

	2000年	2010年	年成長率
アメリカ合衆国	10,451	15,496	4.0
日本	15,513	14,973	-0.4
スペイン	3,352	6,637	7.1
中国	1,796	6,162	13.1
フランス	2,984	5,983	7.2
イタリア	2,535	5,449	8.0
ドイツ	2,262	5,037	8.3
イギリス	2,184	3,702	5.4
スウェーデン	709	3,316	16.7
韓国	1,385	3,193	8.7
10ヶ国合計	26,349	69,949	10.3
その他合計	33,740	41,837	2.2
世界合計	60,089	111,786	6.4

注：年成長率は2000～2010年の平均成長率
資料：FAO:THE STATE OF WORLD FISHRIES AND AQUACULTURE 2012

では、日本、アメリカ、EU が三大輸入市場圏であった。日本は世界各地から多種多様な水産物を輸入し、開発途上国との結びつきが強いという特徴をもっていた。日本市場の存在は圧倒的であった。

2000年代以降になると、世界の三大市場圏の様相は大きく変化してきた。それは世界の輸出入大国の動きからみれば容易に推察される。世界的にはEU の比重が高まり、アジアでは、中国の存在感が増し、韓国やアセアン諸国も輸出入とも増やしている。現象的にみれば、世界の水産物貿易が多極化の方向に向かっているが、より詳しくみると、図2-1のように、世界の水産物輸入市場は三つの地域圏にまとめて捉えることができるようになった。

アジアでは、日本、中国という巨大市場に加え、韓国、アセアンがそれぞれ独自の動きをみせながらも、あたかもひとつの市場圏を形成しつつある。構成国間での自由貿易協定(FTA)や経済連携協定（EPA）の締結がなされ、食料についても貿易の自由化がかなり進んでいる。もともと、東南アジア、日本・中国・韓国・台湾・香港をあわせた地域は、昔から、米、魚介類、加工品、珍味など、農水産物の交易が盛んであった。小さな規模の国境貿易

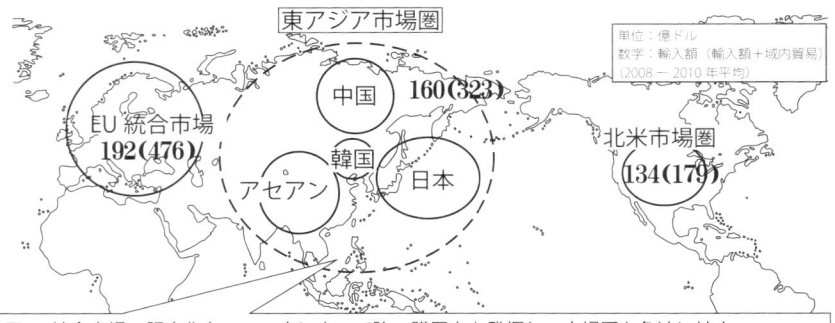

■EU 統合市場の肥大化とユーロ高によって強い購買力を発揮し、市場圏を急速に拡大。
■日本市場の地位が低下し、中国及び東南アジア諸国のシェアが増加。2015年にはアセアン経済共同体が成立、域内貿易の自由化と経済成長。
■東アジア市場は日本、中国・韓国とその周辺諸国というように分割されていた。
■最近は、日本、中国、韓国、東南アジア諸国があたかもひとつの市場のように機能し始め、その存在感を増している。

資料：筆者及び天野通子作成。数値は、"THE STATE OF WORLD FISHRIES AND AQUACULTURE 2012"を集計

図2-1　アジア巨大水産市場の統合と拡大（2008～　）

は各地にみられ、経済がグローバル化してきた最近では、従来の国境貿易の規模をはるかに超えた食料貿易が行われている。

東南アジア大陸部では、高速道路網や通信網の整備が発達して、メコン経済回廊、マレー半島経済回廊というように、新たな産業・貿易のネットワークができつつある。アセアン諸国間の食料貿易、および食料産業の双方向の分業関係の形成がきわだっている。一方、中国とアセアンとの間の貿易は、少し前までは、政治的緊張関係を孕みつつも、両者間の経済的連携が強まっている。

日本と東アジアとの間の食料貿易はどうであろうか。指摘するまでもなく、日本の最大の食料輸入相手国はアメリカだが、近年は中国とタイの比率が高まっている。アメリカからは穀物や肉類を輸入するが、中国やタイからの輸入は冷凍食品、野菜、鶏肉、エビなどの水産物と多種多彩である。水産物に限ってみると、10位以内には中国、タイ、韓国、インドネシア、ベトナム、台湾の東アジア6か国が入り、輸入額全体の45.4％を占める。日本からの輸出は全体で1,698億円と少ないが、上位10か国の輸出相手先のうち、8か国が東アジアである。水産物輸出の総額に占める割合は、41.7％である。輸出入のいずれも東アジアとの関係が強いのである。なお、中韓の貿易関係も緊密さを増している。

東アジアは、今、相互の連携関係を強めてあたかもひとつの市場圏のように動き始めている。

2　東アジアにおける水産業の拠点形成

1）東アジアにおける拠点形成

東アジアの水産物貿易の最近の特徴は、第1に、1人当たり国民所得が上昇するのに伴って消費需要が拡大し、消費目的の輸入割合が増えていることである。シンガポール、マレーシアといった伝統的な輸入国に加えて、中国の他、タイ、インドネシア、フィリピンなどでもこうした傾向がみられる。筆者は、この動きを東アジア水産物消費市場圏形成の動きとして捉えた。か

つてのアジア水産物貿易では、世界の水産物輸入市場で3割を超えるシェアを持っていた日本が圧倒的な存在感を誇っていたが、2005年以降、量的には中国が日本を上回り、金額的にみても日本に近い水準にまできている。中国が巨大な輸入市場に成長し、韓国、台湾、東南アジア諸国も活発に水産物貿易を行っている。

第2に、中国およびタイの水産物輸入には、加工輸出向け原料が相当に含まれていることである。また、中国から日本へ、日本から中国へというように、鮮魚・活魚・加工品などの最終消費を目的にした双方向の貿易が拡大している。いずれの場合も、域内貿易を今まで以上に拡大させている。図2-2に示したように、中国と日本という二つの巨大市場が融合し、これに韓国やアセアン市場が加わって、東アジアではあたかもひとつの巨大消費市場圏が出現しているようにみえる。

第3には、この巨大消費市場圏では、世界の水産食品製造業を含む食品産業クラスターの発展が著しいことである。クラスターの核になる水産業拠点地域から、原料・半製品の調達はもとより、製造機械、冷凍・冷蔵施設、調

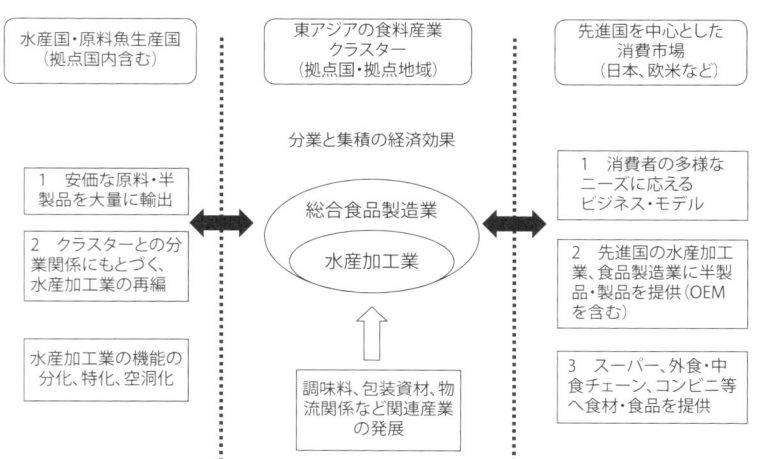

図2-2　東アジアの水産食品産業クラスターと世界の水産業

味料、包装資材、物流技術、さらには情報など、分業関係のネットワークがアジアに広く張り巡らされている。簡単な工程の分担から、高度な機能分担まで、実に複雑である。このクラスターの形成と分業関係の発展は、日本・韓国・台湾といった水産先進国の企業の海外進出から始まったものだが、今では、資本・技術移転の段階を超えて、クラスター自体が独自の発展をとげ、資本・技術の集積をはかっている。これが、東アジアにおける水産物貿易のダイナミックな発展をもたらしている大きな要因である。地域内の分業関係は様々な要因によって変わり、その結果として、貿易関係が絶えず動いていくのである。

2）日本の食品企業と東アジア市場

　これまで述べたような拠点形成は、食料産業全体についてみられる動きである。日本の食品企業の中には、国内の経済不況に伴う所得の減少、家計の食料消費支出の減少、食品価格のデフレ傾向に直面するなかで、海外に新たな市場を求める動きが強まっている。経済産業省「海外事業活動基本調査」によれば、2010年には海外現地法人による食品製造業の企業数は、中国が171社、アメリカが65社、タイが51社、イギリス、ベトナム、インドネシアなどがこれに続いている。全体の売上高を2兆5千億円と、その規模を膨らませている[1]。詳しい分析はできないが、最近の日本の食品企業の東アジア進出には次の3つの動きがある。

　第1は、日本市場向けの製品を製造するために海外に生産拠点を設ける、「内向き」な海外進出である。この動きは以前からみられたが、国内市場では、高次加工品を低価格で求める動きが一段と強まっている。最近では、国内の食品関連産業が空洞化し、やむを得ず拠点を海外に移す企業も増えてきた[2]。例えば、日本の調理冷凍食品の生産拠点は、今も中国やタイにある[3]。

　第2は、成長著しい東アジアでの海外市場の開拓を目的に、生産拠点を新たに設ける動きである。日本のコンビニエンス・ストア、外食・中食チェーンの海外出店が加速するなかで、そこに食品を提供するという新たなビジネ

スチャンスが生まれている。食品企業がこの動きを捉えているが、日本から輸出するという選択は現実的ではなくなっている。現地にある生産拠点を活用して供給網を築くことに合理性を見出す企業が増えている。ここ数年、中国、タイ、インドネシアなどに広がる日本食ブームを背景に、食品企業が進出しているのはこのためでもある。

第3は、東アジアで進む経済連携の動きを反映した戦略的な拠点作りである。アセアン域内の貿易自由化が進み、特に、東南アジア大陸部では道路・通信網などのインフラ基盤の整備が急ピッチで行われている。2015年にはアセアン経済共同体(ASEAN Economic Community, AEC)の設立が予定されている。この経済共同体の成立を前提に、生産拠点を特定の国・地域に集約しながら、域内外との分業関係を構築しようという動きが盛んになっている[4]。アセアンではタイやベトナムなどが食品産業の拠点として位置づけられている。タイに多数の企業が進出しているのは、そうした現れである。島嶼国であるフィリピンは、今後、タイなどからの食品輸入が増えると思われる。

なお、このような動きは日本の食品企業ばかりではなく、中国や東南アジアの企業にも共通している。

3　域内貿易の拡大と在来型貿易の新たな発展

1）域内貿易の活発化

急速な経済発展に伴って巨大な消費市場圏として成長し、一方で食料産業クラスターが形成されてきた東アジアでは、日本を含む水産国・原料魚生産国、さらには先進国に拠点をおくスーパー、外食・中食チェーン、コンビニエンス・ストアなどの供給網との間には、複雑な分業関係が形成されている。こうした経済成長に伴う消費市場圏が拡大するなかで、水産物貿易には次のような動きがある。

第1に、東アジアの消費市場圏および食料産業クラスターに向かう世界各地からの水産物の流れが年々大きくなっていることである[5]。第2に、アジア域内での貿易関係が今まで以上に強まっていることである。既に述べたよ

うに、中国、タイ、ベトナム、インドネアに水産食料産業拠点が形成されたことで、周辺国から原料・半製品が輸入され、製品化されて再輸出される動きが活発になっている。域内での貿易の双方向性が増していることである。第3に、東アジア各地域に巨大な消費市場圏が形成されるなかで、これまで地域内生産・消費に留まっていた生鮮・活魚、それに伝統的な加工品を含む、いわゆる「在来型」の水産物商品が広く交易されるようになってきたことである。

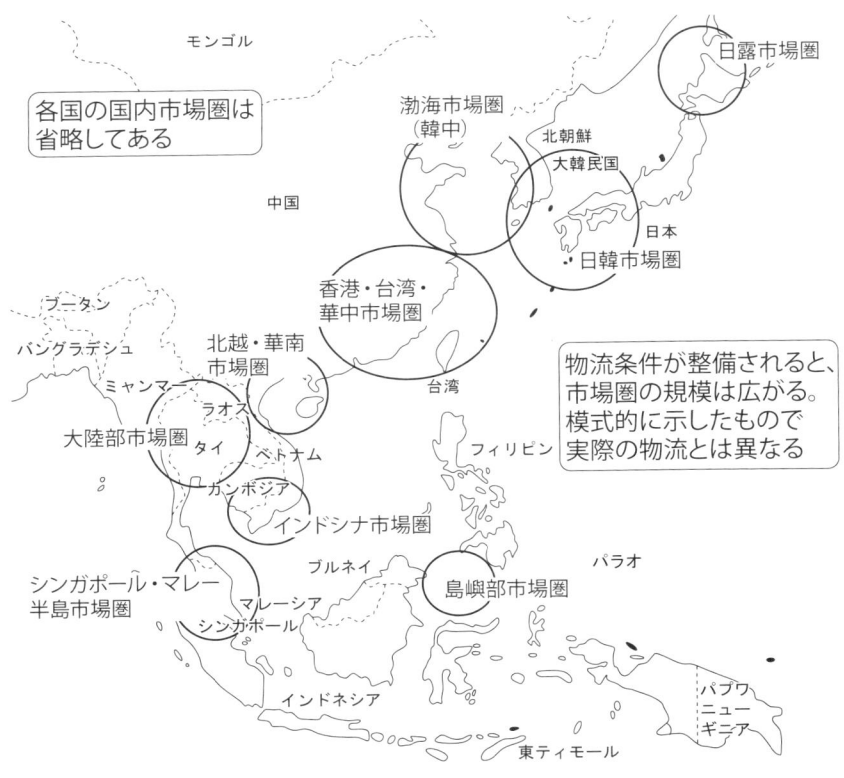

図2－3　東アジアの周辺消費市場圏

もともと東アジアでは、伝統的に水産物の国境貿易が盛んであった。しかし、貿易圏は国境周辺に留まり、取引対象となる商品には、生鮮品はもちろん含まれていたが、塩乾ものを中心にした伝統的加工食品の割合が高かった。東南アジア大陸部と島嶼部の間には、第2次大戦以前の欧米列強による植民地統治下のプランテーション経済の開発により、こうした交易関係が成立・拡大したという経緯がある。そうした水産業にみられた歴史的分業関係が、第2次大戦後に各国の水産開発のタイムラグをつくり、新しい市場流通をもたらしたのである。

　最近は国境貿易の規模が大きくなり、その言葉がもつ意味をはるかに超えたものになっている。図2-3は、東アジアの各地に広がる周辺貿易圏をやや乱暴に整理したものである。日本を中心にみると、福岡県・山口県東部を中心とする北部九州市場圏が、釜山や中国の一部を含んで鮮魚、活魚、加工品を流通させる貿易ルートを拡大させている。かつては、韓国や中国から日本に水産物輸入する一方的なルートであったが、今日では、九州各地及び愛媛県を含んだ鮮魚・活魚輸出の中継基地の役割を果たしている。このような、周辺国との双方向的な貿易の拡大が各地でみられるのである。東アジアには、多数の巨大都市市場が出現しており、それらの市場と周辺国の水揚げ産地や加工拠点が直接に結びつくという状況が広がっている。

2）在来型水産物貿易の特徴

　東アジアの在来型の水産物貿易は、おおむね次の3つの商品群によって構成される。活魚、塩乾もの、鮮魚、等である。冷凍魚の貿易も含めてよいと思うが、ここでは一応区別しておく。上記3種類の商品には次のような特徴がある。

（1）活魚 (live fish)

　日本は早くから活魚を韓国などから輸入してきた。中国が改革・開放政策をとり、経済成長を本格化させると同時に、周辺の東南アジア水産業には様々な中国輸出ブームの波が押し寄せた。ナマコ、アワビ、フカヒレの生産流通

が活況を呈したが、同時に、香港を拠点にした養殖魚の取引も活発になった。東南アジア各地にハタを中心とする魚類養殖業が急速に広まり、香港、中国、台湾、シンガポールなどに輸出された。天然種苗を用いた養殖形態ではあったが、輸出志向の強い一大産業として成長していった。活魚輸出が盛んになるにつれ、これまでの鮮魚流通とは異なる独自の集荷・移送システムができあがった。香港・中国向けの航空機輸送が普及し、産地の集荷・流通業者を介して輸出業者に移送された。

香港・中国を最終消費地とするハタ類の供給ネットワークが広がったが、これとともに、産地の東南アジアではハタを含む魚類養殖の分業化が進んだ。人工種苗生産が確立していない地域や国では、天然の稚魚や幼魚を採捕する漁業が盛んになった。稚魚の採捕、中間育成などの役割分担が進んだ。国内での種苗生産、中間育成、成魚育成といった分業関係は広くみられるが、今では国境を越えてそれがなされている。ハタ類の人工種苗生産が軌道に乗り始めたインドネシアでは、種苗の輸出が盛んになっている。

一方、日本、韓国、中国では、活魚貿易を支えるインフラ基盤が整備されており、輸送手段の高度化も顕著である。日本の活魚市場を対象にした貿易がシステム化され、中国が韓国へ、日本が韓国へ輸出するというように双方向性も高まっている。西日本から主に韓国向けの活魚輸出が盛んになっている。

（2）塩乾もの

歴史的には、東南アジア大陸部から米が、プランテーションや鉱山が広がる島嶼部や半島部に輸出されたのとほぼ同じようなルートで、塩乾魚が輸出された。現在も、さまざまな魚種が輸出されているが、カタクチイワシ類などが多い。カタクチイワシ類は各地で水揚げ・加工されるが、タイおよびインドネシアからは周辺国へ、さらに極東アジアに輸出される。輸出向けの商品化をはかるために、何段階にもわたる集荷過程を経て、選別が繰り返される。これは生産者・加工業者が零細であるために品質が一定しないことに加え、輸出相手先が多岐にわたり、所得水準や嗜好にあわせて販売するためで

ある。需要の広がりのある水産物であり、価格的には日本を頂点にした市場が形成され、韓国・台湾がこれに続く。東南アジアで広く需要されている。

主要輸出国であるタイやインドネシアの産地では、塩乾魚は今でも手選別が主流である。豊富なカタクチイワシ資源に加えて、手選別を可能にする低賃金労働力が存在する。ただ、今後の賃金水準等の上昇によっては、急速に選別機械が普及する可能性はある。

塩乾魚の加工・流通は地域漁業に大きな影響を与え、資源量の変動にも左右される。

(3) 鮮魚

東南アジアのマレー半島市場圏では以前から鮮魚流通が盛んであった。シンガポールやマレーシアの諸都市は大きな消費需要を抱えていた。タイ南部、インドネシアから鮮魚が輸出されている。タイ南部からは、シンガポール向けにはまき網で漁獲された中大型魚類、マレーシアにはアジ類やトロール漁業によって漁獲された底魚類がそれぞれ出荷される。バンコクには、ミャンマーから大量の鮮魚がラノンなどを経由して輸送され、カンボジアからも輸入されている。

中国・韓国・日本の間でも鮮魚貿易が盛んである。中国から韓国・日本への鮮魚輸出は、以前に比べると減少しているが、それでも日本に輸入された鮮魚は既存の市場流通を通して、一般小売市場に広く出回っている。

東アジアの水産物貿易におけるこの間の変化は、鮮魚流通の範囲が拡大したことであり、それを可能にしたのが輸送手段の発達であり、相手国の市場情報がいち早く輸出業者に伝わるようになった情報革命であった。通関や検疫が容易な東南アジア大陸部の大消費地市場は、国境を越えて鮮魚集荷網が広がり、他国の産地を供給基地として組み込んでいる。また、輸出側でも周辺国の市場需要に応じた魚種の選定と品揃えに容易に応えられるようになった。鮮魚を扱う輸出業者の販売規模は概して零細であり、受け入れ先となる業者や市場は以前から存在し、活動していた在来的なものである。しかし、今や、この鮮魚貿易は質も量も以前とは異なったものになっている。トラッ

クやフェリーなどによるコンテナ輸送が一般化し、国境周辺の集積地ないしは輸送センターにつなぐ物流システムが発達している。大陸部東南アジアでは、アジア・ハイウェーのような高速道路網が完成に近づき、水産物貿易の拡大を可能にするインフラ基礎ができつつある。

　鮮魚取扱量が増えるにつれて、扱う魚種も多様になった。マレー半島市場圏で典型的だが、隣接している国同士が産地と市場を相互に形成しあっている。今後も国境を隔てて季節変動、価格差、品質格差等が産地に強く作用するようであれば、鮮魚の周辺貿易は拡大していく。また、域内の自由貿易の進展度合いによっては、海外産地が国内産地と同じような条件で出荷できるようになる。

表2-4　一般的な在来型貿易の状況

種類	特徴	主な輸出国	主な輸入国
活魚 （主に最終消費用）	■高級魚種を中心に活魚取引が活発化。国内産地と中継輸出基地へは陸送、海外へは海上輸送、ないしは航空機輸送というように、物流インフラの整備を背景に活魚取引が拡大。 ■当初は日本やシンガポール向け、やがて香港・中国向けが増大。 ■先進国市場では活魚運搬技術と運搬車の高度化、開発途上地域では簡易型活魚輸送車（ピックアップトラックの利用）で対応。 ■活魚輸送に対する障壁が低くなり、貿易も双方向性を強める。韓国と日本の活魚貿易が典型的。	■ミャンマー、タイ、インドネシア、フィリピン ■中国、韓国、台湾、日本	■シンガポール、マレーシア ■日本、韓国、香港、中国
塩乾魚	■様々な漁業種類によって漁獲される魚種を塩乾加工して輸出。カタクチイワシ類が、塩乾魚として幅広く流通する。 ■伝統的な漁業・水産加工でありながら、地域経済への波及効果がきわめて高いのが特徴。 ■極東アジアの輸出相手先には比較的上質なもの、東南アジア域内では普及品が広く出回る。	■タイ、インドネシア	■マレーシア、シンガポール ■日本、韓国、香港
鮮魚	■東南アジア大陸部、マレー半島ともに鮮魚貿易が拡大。遠隔地移送よりも、周辺部の大消費地への出荷が盛ん。 ■以前から鮮魚流通は盛んであったが、都市消費需要の増大とともに、年々取引量が拡大。各地域に鮮魚流通市場圏が国境を超えて形成されている。 ■日本、韓国、中国東部沿岸部を中心に流通圏がある。	■ミャンマー、インドネシア、タイ、カンボジア ■中国、韓国	■タイ、マレーシア、シンガポール ■日本、韓国、中国、香港

注：表中の分類、輸出国、輸入国とも主要なもの、特徴のあるもののみを選んだ。筆者の判断による。

在来型貿易が発展した要因は、輸出する側と輸入する側との価格差が大きい高級食材に対する需要が増えたことによる。しかし、こうした貿易は大きな利益をもたらす一方で、需給変動による影響が大きく、また、決済の不安定さによる取引リスクも高い。そうした取引をこれまで成り立たせてきたのが華僑ネットワークに代表される業者間の紐帯であった。しかし、人的ネットワークにもとづく取引形態は、卸売市場など参入制限が低い流通ルートが整い、国際決済システムが整備されるにつれて、その役割は小さくなっていく。

3）養殖産業の発展に伴う国際分業化

　1990年代に入り、ハタ類やシーバス（アカメ）を中心とする魚類養殖が盛んになり、東南アジア大陸部とマレー半島周辺では、天然種苗や幼魚の取引が盛んになった。在来型の周辺貿易のひとつとして発展してきたが、養殖業が産業として成長するにつれて、国家間、産地間の分業関係の深化を伴うものになってきた。

　ハタ養殖業では天然種苗の取引から始まった。タイでは、カゴなどで採捕されたハタの幼魚が、集荷業者やブローカーを経て海面養殖の産地に運ばれる。こうした流通ルートの中に、輸入種苗も含まれていくという単純なものからスタートしたのである。成長した中間魚の取引が活発になり、産地間の分業関係に発展していった。東南アジア大陸部、マレー半島では、これが国家間の分業関係として発展したのである。やがて、魚類養殖の人工種苗生産技術が確立されるにつれて、天然種苗の生産に左右されない養殖業が可能となって産地規模も大きくなった[6]。

　フィリピンではミルクフィッシュやハタの養殖生産が盛んだが、種苗が不足しているため、輸入が増えている、と言われる。産業的な種苗生産技術が確立しているのは、タイ、ベトナム、インドネシアである。

　種苗はもとより、中間魚の取引が大きな規模になっているのは、おそらく日中韓であろう。日本の西日本の養殖産地では、カンパチ、トラフグ、スズキ、ヒラマサ、アコヤ貝などが中国から輸入され、海面養殖業者に販売されてい

る。また、カンパチなどの魚種では、東南アジアで稚魚を採取して水温の変化や季節に応じて魚を移動させて中間魚を育成し、成魚に近いものを日本に輸出するビジネスが盛んである。日本で採卵した受精卵を輸出し、育成して日本が再輸入する魚種もある。種苗生産、養殖場の移動は広く行われている。

東南アジアでも、対象魚種を成長過程に応じて移動させて養殖する工程が普及している[7]。

一方、最近増えているのが、パンガシウス（Pangasius）に代表される集約的な内水面養殖の対象魚種の種苗貿易である。高い種苗生産技術をもつタイやベトナムから、安価な種苗が餌料とともに、周辺国のラオスやカンボジアに大量に輸出されている。これには、養殖先進国から後発国への種苗と餌料の供給という側面と、国際分業関係の一環として種苗生産、中間育成、成魚育成がそれぞれ分割して行われることに伴う貿易拡大の側面がある。輸入国側では、人工種苗生産技術の未発達さを補う役割を果たし、モンスーン稲作と結びついた内水面養殖が普及しつつあることを背景にしている。ただ、種苗の中には外来種が含まれることもあり、生態系等に与える影響を懸念し、また、食料の安全保障のためには、種苗生産を自賄いすべきだと考える向き

表2−5　養殖用種苗等の貿易

種類	特徴	主な輸出国	主な輸入国
養殖用種苗	■海面養殖、淡水養殖の産業化が進み、経営体も産地も大型化。種苗生産の確保に関して、分業化が急速に進展。天然種苗とともに、人工種苗の貿易も盛んに。 ■貧困削減を目的とした零細農漁家を対象にした零細養殖の裾野が広がる。種苗需要が域内で急速に拡大。養殖業の分業化が域内で急速に進展。	■タイ、ベトナム、インドネシア ■台湾、中国	■カンボジア、ラオス、フィリピン ■食料安全保障の観点から、種苗生産の自国化をはかる動きがある
養殖用中間育成魚	■ハタで発展した中間育成、最終育成用の幼魚取引が他の魚種にも拡大。種苗から稚魚・成魚へと成長に応じて産地・国が移動するケースが多い。 ■カニ類、観賞魚なども増加。種苗で輸入しても成魚で輸出するとは限らない。 ■日本、韓国、中国、台湾の間では、高度な分業関係に発展。	■タイ、マレーシア、ミャンマー、カンボジア ■中国	■タイ、マレーシア、カンボジア ■日本、韓国、

もある。

4　東南アジア水産物貿易の新しい波

1）水産物輸出の競争関係

　東南アジア諸国、日本、中国、韓国の貿易の特徴については別稿を参照していただくが[8]、ここでは東南アジア諸国の輸出と輸入の特徴的な点のみ紹介しておきたい。

　水産業の基盤となる漁業・養殖生産では、今、大きな構造変動が起きている。

　東南アジアで水産業が最も発展しているタイでは、経済成長と国民1人当たりの所得向上によって、日本と同様、漁船漁業は3K職場として若年労働者に敬遠されている。漁業・養殖業の従事者、水産加工業の労働者が急速に外国人労働者に置き換えられている。周辺国で水産開発が進んだために、漁船漁業の縮小傾向もみられる。そのため、資源依存的、かつ、労働集約的な性格をもつ水産業は変化を迫られ、周辺国との競争に直面している。ただ、水産物輸出が決して減少しているわけではなく、食料産業クラスターの拠点国としてもつ競争力はまだ十分に発揮されている。

　水産資源が豊富なインドネシアは、2004年頃をピークに水産物輸出が漸減・停滞の動きをみせた。逆に、ベトナムが輸出量・金額とも増え、インドネシアを上回っている。1980年代から90年代にかけて、資源賦存量、人件費の安さにおいて勝るインドネシアがタイをキャッチ・アップするかに思えたが、結局、両国の差は埋まっていない。

　注目されるのはミャンマーである。輸入は微々たるもので、完全な水産物輸出国である。経済改革によって、外国資本による水産開発が進むと、隣国タイとの分業関係を前提にしながら、水産物輸出国として発展することが予測される。今後しばらくは、海外からのミャンマー投資が活発になるかどうかによるだろうが、しばらくはタイやベトナムに対して、原料、鮮魚、活魚を供給する役割を果たすだろう。

2）水産物輸入の三つのタイプ

　最近、東南アジアでは様々な要因が働いて、水産物貿易の双方向性が高まっている。輸入を中心にみると、（1）小規模市場国の輸入、（2）マレー半島市場圏の輸入、（3）水産加工業拠点国の輸入、にわけることができる。

　ブルネイ、ラオス、カンボジアは小規模市場国に分類されるが、ラオスとカンボジアでは淡水魚養殖業の発展が期待されている。また、カンボジアは、統計数値で捉えられる以上に、タイ及びベトナムの国境周辺での水産物輸出が活発になっている。一方、カンボジアの淡水養殖が活発になるにつれて、タイとベトナムからの種苗・餌料の輸入が増えている。これは、両国では養殖生産が発展し、生産性の高い養殖業および関連産業が発展していることと関係している。

　マレー半島市場圏はシンガポールとマレーシアが主要な輸入市場となり、タイ南部、インドネシアのスマトラ半島、ミャンマーなどが周辺輸出国である。年によって変動はあるが、シンガポールで23万トン前後、マレーシアは約40万トンを輸入している。シンガポールは、1人当たりGDP(国内総生産)が52,050US$と高く、中高級魚介類の消費が旺盛である。マレーシアのそれは10,058US$とシンガポールに次いで高い[9]。両国とも周辺国から鮮魚、活魚、加工品などを輸入し、両国を合わせて一大消費市場圏を形成している[10]。

　1990年代終わり頃まで、マレー半島市場圏は周辺の水産国にとっては重要な輸出先であり、鮮魚、塩乾魚など在来型の水産物が対象品目になっていた。シンガポールは、早くから成熟した水産物消費市場を形成し、一方、マレーシアも、半島西側の沿岸部に都市が点在し、水産物に対する消費需要は大きかった。マレー半島市場圏が早くから形成されていた関係で、タイ南部の水産業はバンコクを中心とする中央部市場との結びつきよりも、マレー半島市場との関係が強かった[11]。

　だが、インドネシアの水産業が発展するにつれて、この市場圏ではタイとの競争関係が激化し、やがてインドネシアが競争力を発揮するようになった。

1998年のアジア経済危機を境とするルピアの為替レートの下落が、インドネシアの競争力を決定的なものにした。この市場圏はアセアン域内では今も大きな比重を占めるが、バンコクを中心とする市場圏が経済的に成長し、中国の沿海部の巨大都市市場が水産物需要を拡大させるにつれて、その位置を相対的に低下させている。それまでシンガポールが主な仕向け先であったが、香港、中国本土にその輸出先を変えた魚種・加工品は少なくない。活魚ではハタ類、加工品では干しナマコ、アワビなどが典型である[12]。

3）水産食品関連産業の拠点国の輸入

既に述べたように、東南アジアには、中国と同じように世界及び周辺地域から水産物を輸入して高次加工を施して輸出するビジネス・モデルが早くから発達している。タイやベトナムが代表的な加工品の輸出国である。インドネシアもこのタイプに近い形の水産加工業・食品工業を成長させてはいるが、自国資源による輸出が中心である。ただ、同国に投資をしている日系企業および外国資本の企業のなかには、第三国から原料を輸入して加工輸出している企業が着実に増えている。「中国プラス・ワン」を志向する日系食品企業の投資先として関心を高めている。

この第3のタイプの輸入国は、海外原料に依存した加工再輸出ビジネスが発展したことにより、輸入量が急激に増えた。別稿にて詳しく分析しておいたが[13]、輸出志向型の水産業が新たな発展を遂げたのは、1985年のプラザ合意を境にした日本経済の円高構造の定着、それを機に、日本の食品関連産業の海外進出ラッシュが続いた。バブル崩壊後は、日本の食のあり方が大きく変わり、外部化・簡便化の流れを強め、消費者の低価格志向が顕著になった。それに応えたのが海外の食品企業に他ならない。日本の水産業及び食品産業の空洞化が進むにつれて、これらの国の食品産業が発達したと言ってよい。日本企業が最初の形を作ったビジネス・モデルは、日本の経済構造および水産食品製造業が変化するなかで、やがて現地企業が独自のモデルとして発展させたのである。

特徴的なことは、拠点国と日本、拠点国同士、さらには周辺国との間で新しい分業関係が次々に生まれ、それがこれまでにない貿易の潮流を作りだしていることである。

4）水産物貿易と水産政策めぐる標準化と EU 化

　東南アジアと中国では、世界の水産食品製造業及び食品製造業の拠点として発展するにつれて、食料輸入国が求める規格や標準に対して適応できる生産・流通・加工体制を整えていった。水産物貿易の世界標準を先導したのは EU とアメリカであるが、EU が果たしている役割は特筆すべきである。

　EU では、27 か国が統一市場となって以降、強いユーロを背景に水産物貿易が拡大を続けてきた。EU 市場の特徴は、巨大な消費需要を背景に、世界の水産物市場でポリティクス・パワーを発揮させている。輸入製品の安全基準、生産履歴の徹底、環境保護規制、輸出相手国には生産・加工・流通過程のモニタリングの強化を求めるなど、新しい水産物貿易のあり方を提案し、実施に移してきた。日本やアメリカよりもはるかに強力なリーダーシップを果たしてきた。

　輸出国側にとっては、魚種、価格はもとより、品質面で EU 基準を満たすことが輸出産業として成長するための必要条件となった。"Farm to Fork" Hygiene Package (2002, 2005), HACCP(Hazard Analysis and Critical Control Analysis, 危害分析重要管理点)、MSC（Marine Stewardship Council, 海洋管理協議会）、IUU(Illegal, Unreported and Unregulated Fishing) など、生産から加工・流通・消費にいたるまで、EU スタンダードへの対応を目標に掲げる動きが輸出国にみられるようになった。

　EU のこうした一連の動き、他の先進国による "Food　Safety"（食の安全）規制の強化と相まって、水産物貿易の標準化（スタンダード化）とシステム化が急速に進むことになった。アジアの水産物輸出国側、特に EU 輸出に重きを置いている国では、輸出用水産物の質の向上と均質化に努めるようになり、水産業の世界 (EU) 標準化への対応を急いだ。これは、商品生産の分野

はもとより、生態系および環境、資源利用や社会倫理など多方面にわたったことから、東南アジアでは水産政策はもとより、食品加工、インフラ整備などについて政策体系の組み直しが進んだ。今も、輸出志向型の水産業の発展を目指す国々では、こうした課題に対応すべく努力が続けられている。

　図2-4は、EU向けの水産物輸出が可能な加工場の数を示したものである。北米に多く立地しているが、東アジア全体でみるとそれを少し上回る1591施設が立地している。国別では中国が圧倒的に多く、次いでベトナム、タイ、インドネシアの順になっている。水産物輸出が盛んでない日本にはわずか28施設があるだけである。言い換えれば、世界最大の水産物輸入市場であるEUに向けて加工品を輸出できるのは、これらの限られた国・施設ということになる。それほど、輸出水産物商品の規格化と標準化が進んでいる。

　東アジアの４つの水産食品製造拠点国が成長する大きな要因のひとつが、ここにある。対EU輸出に限って言えば、４つの拠点国に原料・半製品を供

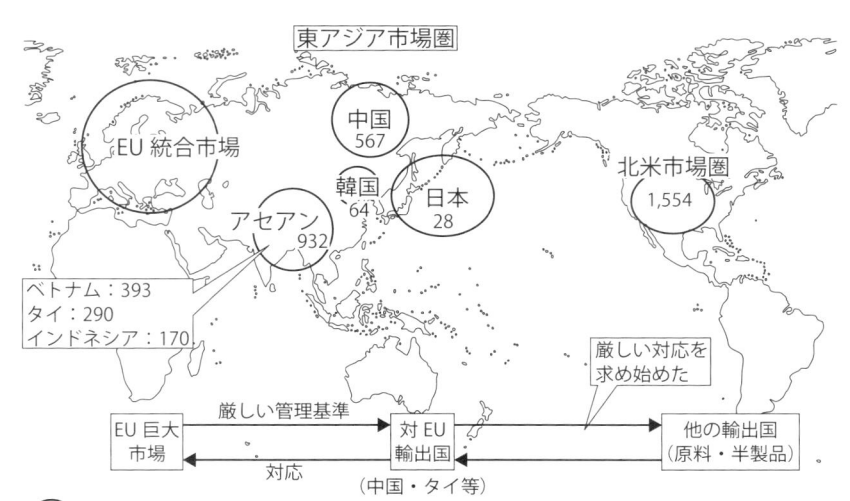

○：市場の大きさ数字：対EU輸出可能な水産物加工場数（2012年時点）

資料：大日本水産会資料にもとづき天野通子作成

図２－４　輸入国規定による生産管理手法導入の強まり
（地域別の対ＥＵ水産物輸出可能加工場）

給している周辺国に対しても、しだいに厳しい規格と標準が求められるようになっている。生産から消費にいたる連鎖を考えれば当然な流れではある。

最近は、日本と並んで巨大な水産物輸入国になった中国でも、輸入水産物に対する独自規準をもうけようとする動きがある。また、輸出国側でも世界標準にあわせつつ、独自の認証をもって同等性を確保しようとしている。

こうした世界標準化の流れが急速に進む背景には、東アジアに巨大な水産業クラスターの形成があり、拠点国と周辺国、及び世界の漁業・養殖業生産との間に、高度な国際分業関係が発展したことがある。

5　おわりに

東アジアの水産業及び関連産業の急速な発展は、有用な水産資源に対する開発圧力を高め、生態系や環境に対してダメージを与えることが多い。また、この地域の経済成長と国民1人当たりの所得の伸びを背景にした消費拡大は、域内貿易を活発化させ、在来型の多種多様な漁業と養殖業の発展をもたらしている。

水産物貿易のグローバル化とリージョナル化は、アセアン経済共同体 (AEC) や環太平洋戦略的経済連携協定 (TPP) の成立の動きを背景に、新しい段階を迎えようとしている。そうしたなかで、水産資源を適正に管理し、持続的な利用をはかるための社会制度をいかに整えていくかは引き続き考えなければならない課題である。資源の持続的な利用は、コミュニティーから、域内及び世界レベルでの取り組みを包括する「責任ある貿易」によらなければならない。

謝辞

本稿は、財団法人東京水産振興会より発行していただいた拙著『東アジア水産物貿易の潮流』をもとに修正・加筆したものである。この作業をお認めいただいた同財団に対し、感謝いたします。また、資料・調査の成果の多くは、文部科学省科学研究費補助金基盤（B）『東アジア水産業の競争構造と分業

のダイナミズムに関する研究』（代表者：山尾政博、課題番号：21405026）、同基盤（A）『東南アジア農山漁村の生業転換と持続型生存基盤の再構築』（代表者：河野泰之、課題番号：22241058）による。

参考文献
農林水産省 2012『食品産業動態調査』（平成24年度版）、農林水産省、pp.20-21

山尾政博、Suanrattanachai,P 2001「タイにおけるハタ養殖の経済構造」『地域漁業研究』第41巻第1号、地域漁業学会

山尾政博 2006「東アジア巨大水産物市場圏の形成と水産物貿易」『漁業経済研究』第51巻第2号、漁業経済学会

山尾政博 2011「グローバル化する水産業と東アジア水産物貿易」池上甲一・原山浩介編著『食と農のいま』、ナカニシヤ出版

山尾政博 2012「東アジア水産物貿易の潮流－日本の貿易戦略の検討のために－」『水産振興』第530号、東京水産振興会

アジア経済研究所編 2013『アジア動向年報2013』、アジア経済研究所

FAO 2013. *THE STATE OF WORLD FISHERIES AND AQUACULTURE 2012*, p. 75

YAMAO, M, 1990, *Development Process of Thai Fishing Industry in the 1960's (I) & (II)*, Area Studies No.16, Hiroshima University,

---

[1] 農林水産省（2012）、pp.20-21
[2] 筆者が東日本大震災の水産加工業の復興に関する調査をするなかで、強く印象づけられたのは、国内加工業の発展の限界であった。震災復興支援もあって、最新の施設投資や機械設備は進んでいるが、フィーレやロインまでの加工がほとんどである。それ以上の高次加工は、賃金水準の高さや機械投資の必要性があってきわめて難しい。国際分業を前提にしなければ水産物の高次加工品の製造は成り立ちにくい状況にある。
[3] 日本冷凍食品協会によれば、中国からは16万4千トン、タイからは10万トン輸入されている。中国からの輸入も毒餃子事件以降、次第に戻りつつある。
[4] 自動車産業等ではよく指摘されているが、食品産業でも同様な動きがみられる。
[5] FAO（2013）、p. 75
[6] 山尾, Suanrattanachai,P.（2001）に詳しい。
[7] ミャンマーで採捕されたマッド・クラブが陸路でタイ、カンボジアを経て、ベトナム

に送られて養殖され、消費サイズに近づくと中国に輸出される。
[8] 山尾 (2012)
[9] アジア経済研究所 (2013)
[10] 山尾 (2012)
[11] YAMAO, M (1989) こうした水産物貿易は、はるか第2次大戦以前の植民地期にまで遡る歴史的な構造であり、プランテーション・鉱山開発を軸とする経済開発が進展し、東南アジア域内に新しい分業関係が形成されたことと関係している。この分業関係が深化するなかで、タイ南部では浮き魚漁が盛んになり、それを基盤にして1950年代終盤から60年代にかけて急速な勢いでトロール漁業が普及していった。それを受けて、マレー半島では周辺貿易という形をとった、水産物流通圏が拡張していったのである。
[12] 赤嶺淳の本書第10章参照。
[13] 山尾 (2006)、山尾 (2011)

III部　輸出志向型水産業

タイのエビ市場

第3章　マグロ関連産業の国際潮流と漁場
　　　―マグロ缶詰を中心に―

山下東子

　マグロ缶詰は輸出志向型の生産物として多くの国々で生産され、欧米先進国向けを中心に輸出される国際商品である。このなかでアジア諸国は主要な生産拠点、輸出拠点としての役割を担っており、消費地としては種々の消費促進策の結果として一定のボリュームを消費するようになっている。以下では1．マグロ缶詰の定義と種類、2．原料と缶詰の生産トレンド、3．タイと東南アジア、4．韓国と日本について述べる。

1　マグロ缶詰の定義と種類

1）マグロの種類と缶詰用素材

　マグロ缶詰は、マグロとカツオを主原料とする缶詰である。日本で良く知られているマグロ5種類とカツオを表3-1に上げた。これらのうち写真3-1に上げた3種類が缶詰用となる。そのなかで、原料としてビンナガ（Albacore）の使用されているものが最も高級品、キハダ（Yellowfin）の使用されているものがその次、そしてカツオ（Skipjack）の使用されているものが数量的に最も多く、価格が最も低い汎用品となっている。主な原料がカツオであるにもかかわらず、慣習的にツナ缶、マグロ缶詰と通称されている。刺身としてはメバチやクロマグロ・ミナミマグロがより高級品である。これらのうちメバチとクロマグロはマグロ缶詰の原料となることもあるが、それらは混獲された未成魚がたまたま使用されるという偶発的な要素であり、メバチやクロマグロを意図的に原料として使用することはない。しかし後述するように、

表3-1 マグロ類の種類と用途

標準和名（学名）	通称（英名）	体長・体重	分布域	用途
クロマグロ (Thunnus thynnus)	クロマグロ、ホンマグロ、シビ、マグロ (Bluefin tuna)	2.5m、300 kg	太平洋、大西洋の主として北半球	腹部内は中トロ、大トロになる。背肉は濃赤色。高級刺身食材
ミナミマグロ (Thunnus maccoyii)	ミナミマグロ、インドマグロ (SouthernBluefin tuna)	2m、150 kg	南半球のみ	クロマグロに同じ。高級刺身食材
メバチ (Thunnus obesus)	メバチマグロ、ダルマ、バチ (Bigeye tuna)	2m、150 kg	熱帯、温帯地域に広く分布。太平洋域で漁獲が多い	肉色は濃紺色。トロもとれる。準高級食材。缶詰はライトミート
キハダ (Thunnus albacares)	キハダマグロ、キワダ (Yellowfin tuna)	1-2m、300 kg	熱帯、温帯地域に広く分布。赤道中心	肉色は鮮紅色。トロはとれない。家庭用刺身食材。缶詰はライトミート
ビンナガ (Thunnus alalunga)	ビンナガマグロ、トンボシビ (Albacore)	1m、15-30 kg	全世界の温暖水域	肉色は淡桃色。身が柔らかく、刺身には不向き(注)。缶詰のホワイトミート、シーチキン
カツオ (Katsuwonus pelamis)	カツオ (Skipjack)	52 cm	3大洋すべての熱帯、温帯水域に分布	生食（刺身、たたき）向けと缶詰、カツオ節原料など加工品

注：出所にはこのように記述されているが、刺身用利用も行われている。
出所：マグロ類は小野征一郎（編著）（1998）、1章、3章、7章、9章をもとに作成。カツオは水産総合研究センター（2005）から作成

写真3-1 缶詰用マグロ3種の生鮮肉（上段）と缶詰肉（下段）
（筆者撮影）

小型のメバチはカツオの群れと共に回遊することがあり、それをまき網で漁獲してしまう。このことが原因となって、メバチの資源量の低下が引き起こされているという指摘もある[1]。

　缶詰の種類としては、カツオのほぐし身（flake）の油漬けと水煮が一般的であり、調理用原料として使用することを想定しているため味はほとんど付けられていない[2]。これらは「クラシック味」と呼ばれ、開缶後に野菜（コーン、たまねぎなど）や調味料（マヨネーズや蜂蜜など）と和えたり、サラダのトッピングとしてドレッシングと和えたりすることを想定して加熱調理されている。ビンナガ、キハダなど高級なマグロ原料を用いた固形の身（solid）や大型のほぐし身（chunk）が使われることもある。また、味付けのバリエーションとして、消費地での嗜好に合わせたマヨネーズ和えや郷土料理の調味料や食材と合わせた調理済み（ready to eat）缶詰も生産されている。写真3-2に事例として韓国の量販店で販売されている家庭向けマグロ缶詰のバリエーションを示した[3]。

2）缶詰の種類と仕向け先

注：メーカーはドンウォン、オトギ、サゾなど。クラシック味と調理済みがある。

写真3-2　韓国のマグロ缶詰のバリエーション
　　　　　（筆者撮影）

缶詰の仕向け先は生産国の国内消費用と輸出用に大別される。アジア諸国で缶詰生産量の大きいタイ、フィリピン、インドネシアを例に取ると、生産量の8～9割は輸出される。すなわち、東南アジアのマグロ缶詰製造業は輸出志向型水産業として確立されているのである。輸出用はさらに、業務用（catering）と家庭用に大別される。業務用は、カツオほぐし身のクラシック味が主で、相手国のブランドによるOEM生産が行われている。一方家庭用は1個が80-200gの小型の缶で、輸出用はOEMベース、国内消費用はマグロ缶詰製造会社の独自ブランドで作られている。輸出用・国内消費用ともにクラシック味と調理済みが生産されている。マグロ缶詰を用途別にまと

表3－2　用途別・素材別マグロ缶詰の種類

用途＼内容	クラシック				調理済み
	素材	形状	味付け	重量	味付け
家庭用	カツオ キハダ ビンナガ	flake chank solid	油漬け 水煮 野菜スープ	80～200g	郷土料理 マヨネーズ ピリ辛
業務用				1000g以上	

出所：各種資料より筆者作成

めたものが表3-2である。
　さらに近年では缶詰ではなく、レトルトパウチ製品も普及が進んでいる。この傾向は、家庭用のみならず業務用においても同様である。レトルト製品は缶切りを使わずに開封でき安全であることから、当初は米国の刑務所向けに開発された。しかし開封の容易さは子供にランチとして持たせる場合やピクニックなど屋外に持ち出す際にも利点となる。さらに廃棄容器が缶に比べて小さいため、家庭内消費用にも好まれるようになった。流通側にも利点がある。缶詰より軽いため輸送コストが削減されること、製品正面の面積が大きいため量販店の棚の中で目立つということである[4]。
　びん詰めのマグロも存在する。そこで本稿ではレトルトパウチ製品とびん

詰めマグロもマグロ缶詰(ツナ缶)と総称することとする。

2　原料と缶詰の生産トレンド

1) マグロ缶詰生産国の変遷

　マグロ缶詰原料と缶詰生産の歴史的トレンドを簡単に振り返っておこう。20世紀始めには、マグロ缶詰は消費地である欧米で生産されていた。しかしマグロ缶詰原料のカツオを求めて欧米の漁船がアジア、アフリカ諸国へと進出し、やがて20世紀中盤からは日本、韓国、台湾の漁船が原料の漁獲を担うようになった。日本は一時期は国内で輸出志向型の缶詰生産も行ったが、今日では缶詰生産は国内用に特化している。図3-1は缶詰に用いるカツオ・マグロ3種の国別漁獲量を示している。日本は2003年まで世界一の漁獲量を上げていたが、フィリピン、インドネシアに追い抜かれ、韓国の追い上げを受けている。日本の場合、漁獲したカツオ、キハダ、ビンナガは全量が缶詰用に向けられるわけではなく、鰹節、刺身などに向けられるものもある[5]。1992年に中国の、1994年にパプアニューギニアの生産が増え始めている。こうした漁業国の主役交代はあるが、世界全体で見れば漁獲量は2005年以

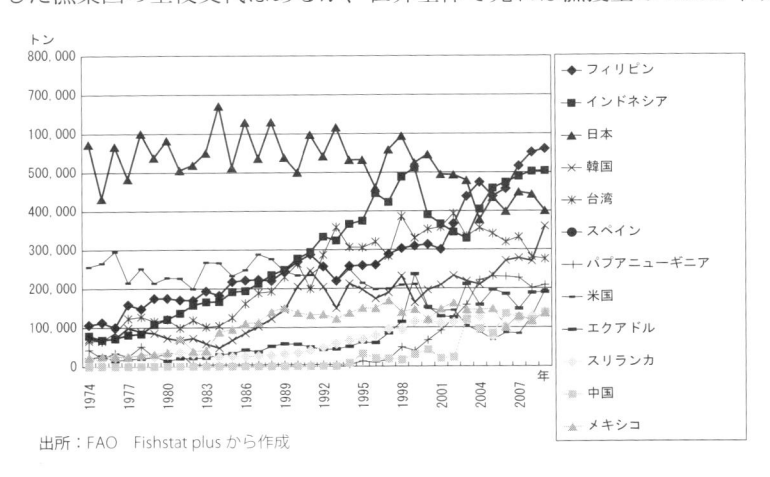

出所：FAO　Fishstat plus から作成

図3-1　缶詰用カツオ・マグロ漁獲量TOP12（2009）の推移

降450万tで安定しており、その太宗が缶詰生産に向けられる。

図3-2はマグロ缶詰の国別生産量を示している。図3-3の漁獲量の多い国と対照させてみると、缶詰原料の漁業国が必ずしも缶詰生産国であるとは限らないことが明らかになる。特に、タイの生産量の多さが目立つ。これについては後述する。

欧米について見てみると、原料確保のためのカツオ・マグロ漁業は相対的に縮小していくが、輸入原料による国内缶詰生産は行われていた。マグロ缶詰の製造大手が寡占的に競争をし、ブランド名と品質を競い合っていたからだと思われる。たとえば米国にはBunble Bee, Starkist, Chicken of the Seaという3大ブランドがあった。その後、米国と欧州は別のトレンドに向かう。米国は3大パッカーが外国資本に売却されていき、ブランド名は残るものの、国内での生産の実態は年を追って縮小する。一方欧州は、かつては各国に缶詰生産工場とブランドがあったところ、欧州統合の2000年頃をターニングポイントとして南欧諸国、特にスペインに缶詰生産拠点が集中する。スペイン産が「国産もの」の近い代替財としてヨーロッパ域内で高級缶詰市場への

出所：FAO Fishstat plus から作成

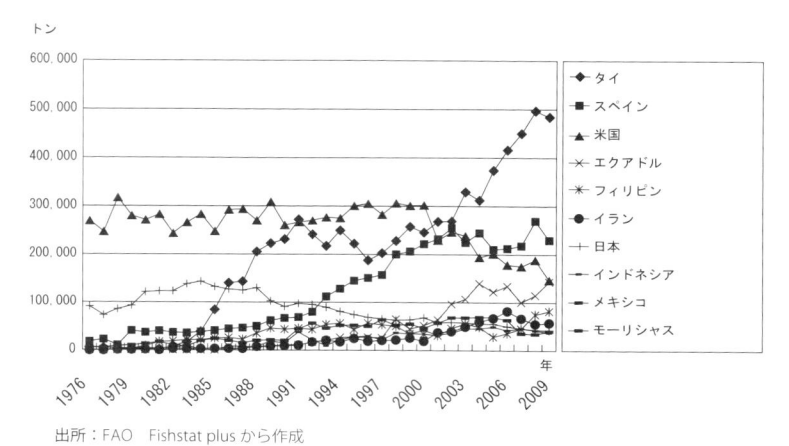

図3－2　マグロ缶詰 TOP10(2009) の推移

2）生産トレンドの特徴

図3-3には、2009年における缶詰原料としてのカツオ・マグロの生産量とマグロ缶詰の生産量、および純輸出量を掲載している。アジアの主要供給国（日本、韓国、台湾、タイ、インドネシア、フィリピン）に焦点を当てて図示したこの図と先述の図3-1、図3-2から、次の6点が明らかになる。第1は、日本の相対的縮小である。日本では原料の生産量、缶詰生産量ともに年を追って減少している。もともと缶詰は米国への輸出向けに、やがて国内消費用に生産していたが、それも縮小しているのは、1）国内消費量自体の減少、2）業務用が国産から輸入品へ代替したためと見られる[6]。また、3）近年では量販店の店頭でも、タイ産のマグロ缶詰が置かれるようになってきており、家庭用についても国産が輸入品に代替されるようになってきていることがわかる。

第2はタイの圧倒的な缶詰生産力である。缶詰生産量は長期にわたって40万トン水準を維持している。原料の国内生産量の小ささもまた、注目に

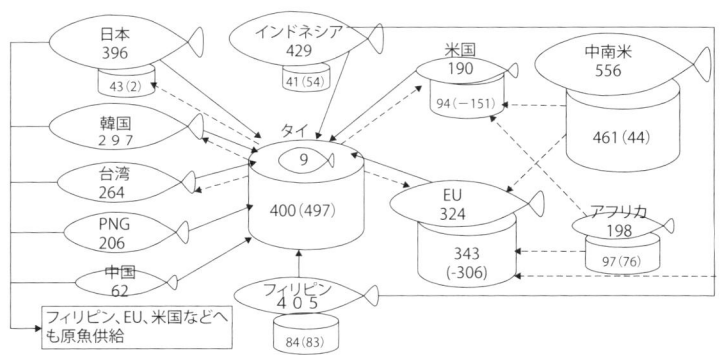

注：魚型の内部の数字はカツオ、ビンナガ、キハダの漁獲量（2009年、単位：千トン）。ただし全量が缶詰生産に仕向けられるわけではない。缶型の内部の数字は缶詰国内生産量。( )括弧内は純輸出（輸出－輸入、ともに2009年、単位：千トン）を、実線の矢印は原魚輸出、破線の矢印は缶詰輸出を表す。PNGはパプアニューギニア。
出所：FAO　Fishstat plus から作成

図3－3　マグロ缶詰生産と貿易の概念図（2009年、単位：千トン）

値する。タイについては後述する。第3は台湾の原料輸出機能への特化である。台湾には、缶詰用マグロ原料の国際貿易を仲介する国際的な大手トレーダーも存在する。この意味で、台湾はマグロ漁業とその国際貿易に特化している。

第4は、米国の相対的縮小とEUの変化の小ささである。また、米国、EUともに輸出量から輸入量を差し引いて得られる純輸出がマイナス値になっている。これはカッコ内の数値の数量を輸入しているということを示している。すなわち、その缶詰生産量の大きさにも関わらず、国内生産量に匹敵するだけの数量の輸入もしている。このようにして、米国は世界消費量の約3割、EU（ヨーロッパ）は世界消費量の約4割を消費している。

第5は、中南米の躍進である。中南米は原料の生産量も缶詰生産量ともに増やしている。しかも、純輸出は2006年で7.7万トン、2009年で4.4万トンとそれほど大きくない。東南アジア諸国のように生産された缶詰のほぼすべてを輸出しているのではないため、これは新たな消費国の台頭であると見ることもできる。

第6に、アフリカもまた、原料生産、缶詰生産ともに着実に増加させている。このようなトレンドから生産拠点と消費地も拡大・拡散していることがわかる。この結果は、図3-4に示したような世界全体としてのカツオ・マグロ類の生産の増加傾向と一致する。同図は世界のカツオ・マグロ生産量の推移を示したものであるが、漁獲の太宗を占めるのがカツオで、キハダがこれに続く。この生産量のなかには日本で消費されているような、カツオ節、刺身も含まれている。しかしメバチ、クロマグロの8割以上が日本での刺身消費であるのに対し、缶詰用途のあるカツオ、キハダ、およびビンナガはその大半が缶詰に向けられていると考えてよいだろう。缶詰生産量はなお増加を続けており、それはカツオ漁獲の増加と軌を一にしている。

3）漁場の拡がりと資源問題

ここで漁場の拡がりと資源の問題について言及しておこう。日本近海にお

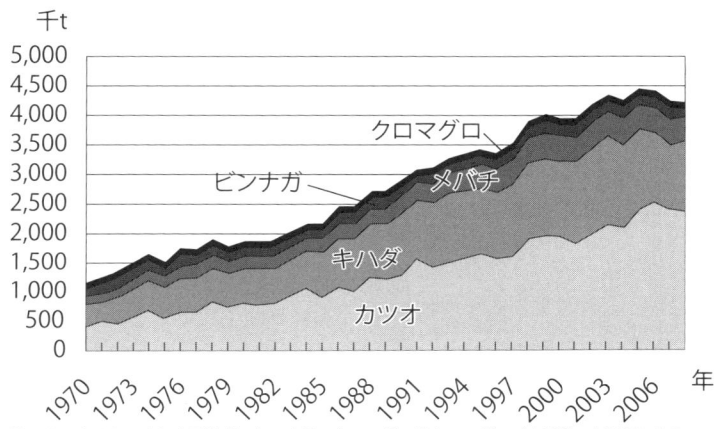

注：カツオはカツオと大西洋ボニトの合計、クロマグロはクロマグロ（大西洋、太平洋）とミナミマグロの合計
出所：FAO　Fishstat plus から作成

図3－4　世界のカツオ・マグロ生産量の推移

いては、黒潮に乗って来遊する春期の初ガツオ、秋期の戻りガツオが知られている。東南アジアにおいてはフィリピン南部からインドネシア海域にキハダとカツオの豊かな漁場があった。フィリピンにはパヤオ（浮魚礁）漁業と呼ばれる漁法があり、これが効率的な漁獲を可能にした反面、資源の減少を招く元凶ともなっていった。

　ミンダナオ島のサランガニ湾内から始まったパヤオ漁業は南下しやがてセレベス海のインドネシア海域に接触するようになり、しばしば拿捕等のコンフリクトを引き起こすのみならず、缶詰原料の供給不足にもさいなまれるようになっていった。そこでサランガニ湾沿いに立地していたまき網漁業会社は、原料を求めて2000年初頭にはパラオ、2005年頃からはパプアニューギニアの海域に進出していくようになる。パプアニューギニアでは、フィリピンがノウハウをもつ缶詰工場を同国にも立ち上げて雇用創出をはかることの見返りに、資源が豊富なパプアニューギニア海域でのまき網操業をする相互協力を取り付けた。図3-1に示した、フィリピンのカツオ・マグロ漁獲量

の急激な上昇はこの動きと一致している。

　太平洋に点在する島嶼国が有する排他的経済水域は広大で、そのうちの数カ国にはカツオ資源が豊富に存在する。図3-5は国・地域名と各国のEEZ（排他的経済水域）境界を示している。これらの国々のうち、自国でカツオ・マグロの生産が報告されているのはパプアニューギニア、マーシャル諸島、キリバス、バヌアツ、ソロモン諸島、ミクロネシア、フィジー、ツバルの8カ国である。また、漁業先進国との間で結ぶ入漁協定の条件について共同で取り決めるための会議であるPNA(the Parties to the Nauru Agreement)を締結しているのは上記の国々からバヌアツとフィジーを除き、パラオとナウルを加えた8カ国である。

　これらの国々のEEZには、カツオ・マグロ資源が回遊してくることが確認されている。図3-6にこの海域の含まれる中西部太平洋のカツオ・マグロの国別生産量を上げたが、フィリピンとインドネシアが際立って大きい。また、島嶼国自身より入漁している国々の生産量のほうが大きいことも特徴である。この海域では前述のフィリピンに限らず、日本、韓国、米国、台湾、フランス、カナダ、中国など漁業国・地域が島嶼国のEEZに入漁している。そのための手段として、入漁料などで他国より有利な条件を提示するという

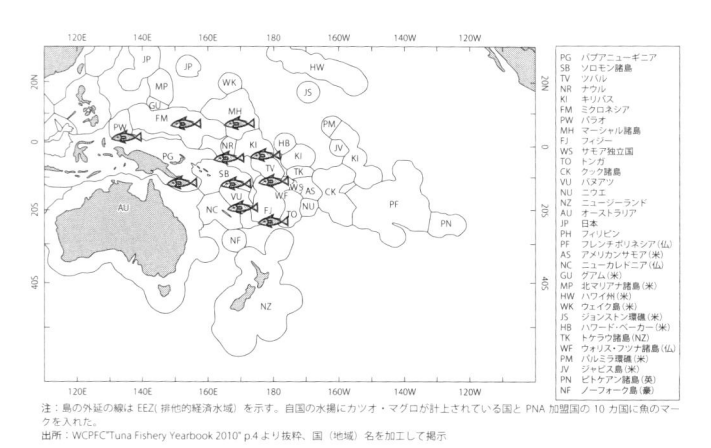

注：島の外延の線はEEZ(排他的経済水域)を示す。自国の水揚にカツオ・マグロが計上されている国とPNA加盟国の10カ国に魚のマークを入れた。
出所：WCPFC"Tuna Fishery Yearbook 2010" p.4より抜粋、国（地域）名を加工して掲載

図3－5　太平洋島嶼国の排他的経済水域概略図

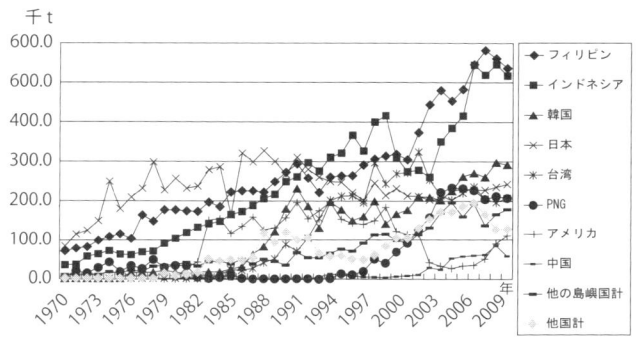

千t
600.0
500.0
400.0
300.0
200.0
100.0
0.0

　　　　　　　　　　　　　　　　　　　◆ フィリピン
　　　　　　　　　　　　　　　　　　　■ インドネシア
　　　　　　　　　　　　　　　　　　　▲ 韓国
　　　　　　　　　　　　　　　　　　　× 日本
　　　　　　　　　　　　　　　　　　　＊ 台湾
　　　　　　　　　　　　　　　　　　　● PNG
　　　　　　　　　　　　　　　　　　　＋ アメリカ
　　　　　　　　　　　　　　　　　　　－ 中国
　　　　　　　　　　　　　　　　　　　■ 他の島嶼国計
　　　　　　　　　　　　　　　　　　　◇ 他国計

注：他の島嶼国計には、マーシャル、キリバス、パラオ、バヌアツ、ミクロネシア、ソロモン、ツバル、フィジー、ニューカレドニア、北マリアナ諸島、クック諸島、ナウルが含まれる。
出所：FAO Fishstat plusから作成

図3-6　中西部太平洋での缶詰用カツオ・マグロの国別生産量の推移
（1970-2010）

方法も採られているが、近年では当該島嶼国とのジョイントベンチャーで漁船を操業したり、フィリピンのように現地に缶詰工場やその他雇用創出の場を設けるなどの措置により、現地化を通じて入漁する動きも活発化している。

FAOによると、カツオ資源は豊富であり、本稿執筆時点では太平洋中部海域の資源量は健全と判定されている[7]。しかし、資源量に対して過度の漁獲努力量が投入されれば、カツオ資源の減少が生じないとも限らない。現に、まき網漁業によるカツオ漁獲の副作用として、小型のメバチが乱獲され、その結果メバチの資源枯渇問題が生じているのである。太平洋島嶼国には漁業資源以外に特記すべき貿易財がない。カツオ・マグロはそうした国が発展するための重要な資金源にもなっている。漁業国にとっては残された豊かな漁場でもあり、太平洋島嶼国のカツオ・マグロ資源の持続可能性がマグロ関連産業の中期的発展を左右しかねない状況となっている。

3　タイと東南アジア

1）缶詰生産のプロダクト・サイクル

前項で世界的な缶詰生産拠点の移動について見た。たとえば日本や米国は

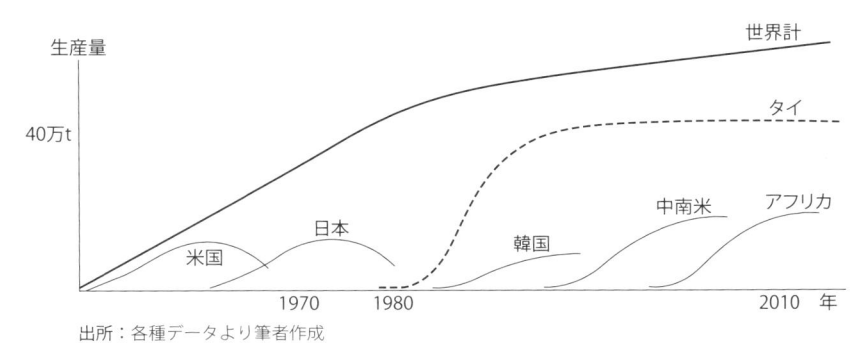

48　第3章　マグロ関連産業の国際潮流と漁場

出所：各種データより筆者作成

図3－7　マグロ缶詰生産のプロダクト・サイクル（概念図）

　そうしたトレンドの真っ只中にあって、世界のマグロ缶詰産業における役割を後退させている。これはヴァーノンのプロダクト・サイクル論、あるいは赤松要の雁行形態論が示す、発展に伴う生産拠点や消費拠点の移行説をそのまま当てはめることができる事例となっている。図3-7は世界のマグロ缶詰消費量に対応する生産国の隆盛を概念図として描いたものである。米国の生産を日本が代替し、やがて日本の生産も縮小して他国に代替されていくところまではプロダクト・サイクル論で説明がつくが、その後の東南アジア諸国の展開に特徴がある。とりわけタイ、フィリピン、インドネシアはそれぞれに特記すべき特徴があり、いずれもプロダクト・サイクル論（ないし雁行形

写真3－3　タイ、ソンクラの漁港に水揚されたカツオ

写真3－4　タイ、ソンクラの漁港で仕分け中のカツオ

（2007年3月筆者撮影）

態論）が当てはまりにくい特殊事情を有している。

　タイは生産量がまだ減らないこと、そのほぼすべてを輸出していること（純輸出は統計の不突合もあって、生産量を上回ってしまっている）、原料生産が少ないことが特徴である。自国原料供給に頼らなかったことで、むしろ缶詰生産を拡大させることができたという解釈も可能であろう。写真3-3、3-4はタイ・ソンクラの漁港におけるカツオの水揚げの様子を示している。労働集約的な缶詰工場で働く労働者はもはやタイ人ではなく、近隣諸国からの外国人労働力であるという説もある。そうであればタイ人労働力を賃金の低い外国人労働者に置き換えることで、価格競争力を維持し、新興の中南米やアフリカ、近隣のインドネシアやフィリピンに比べてもなお国際競争力を維持していると見ることもできる。

　インドネシアでは原料の生産量が拡大していることは確認できる（図3-1参照）が、缶詰生産量は増えていない（図3-2参照）。これは、缶詰生産には自国原料を用いることという従来からの規制があるために、工場に生産拡大余力がないためである。この政策はタイとは対照をなしている。また、フィリピンは原料の生産量、缶詰生産量ともに増加させている。2005年ごろから、パプアニューギニア（PNG）など近隣漁場への合法的な入漁を果たし、現地に缶詰工場を建ててある程度現地生産を行う代わりにフィリピンにも原料を持ち帰るという国際的な取り決めを行った。漁場を拡大したことで、プロダクト・サイクルをより伸張することができたと解釈することができる。

2) 東南アジアの国内市場

　これらの国々での国内用市場について言及しておきたい。どの国でもサバ、イワシより少し高価な家庭用缶詰として主に調理済み缶詰を生産・販売している。東南アジアではもともと、マグロもマグロ缶詰も食べる習慣はなかった[8]。新鮮な小型魚が1年を通じて豊富に存在することに加え、缶詰ではサバとイワシのトマト煮がより安価で一般的だからである。しかし輸出用のマグロ缶詰の生産過程で、輸出に向かない原料の余剰が生じる。たとえば鮮度

が輸出には適さない場合であるとか、輸出向けに利用した肉以外の可食部分（血合いなど）である。

　タイではこの余剰・廃棄部分を日本のキャットフード用に活用した[9]。また、国内消費向けの特徴としては、子供のおやつやランチ用に小型（85ｇ）のマグロ缶詰をクラッカー、ナプキンと同包し、アニメキャラクターの絵が書かれた紙で包装した製品が開発されていること、レトルト製品も多く作られていることが上げられる。缶の場合も缶切りの要らないプルオープン式であるなど、工業製品の製造技術としても他の諸国より先進的である[10]。

　フィリピンでは国内での食用に供することを主眼に置いて開発を進めた。センチュリー・グループの開発の歴史を例に取ると、マグロ缶詰を食べたことのない市民に販売するために、1990年代末、味付けの工夫と店頭での試食販売を始めている。味付けにはフィリピンの家庭料理である Adobo, Afritada, Caldereta, Mechado などのソースを用いた。これらの調味料が好都合であったのは、濃い色のソースで着色と味付けをすることにより、血合いの濃い色や肉の臭みをカバーできることにもある。店頭で数種類のラインアップを試食させ、マグロ缶詰への親近感を持ってもらうようにした[11]。やがてマグロ缶詰が缶詰のバラエティの一つとして消費者に定着してくると、同社は高級品（Century）、中級品（Blue Bay）、低級品（555）の3段階のブランドを作り、Century ブランドは OEM 製品と同等の品質を目指し、調理済みのみならずクラシック味も製造し、独自ブランドとして輸出もしている[12]。輸出品目としては、マグロ缶詰の未開拓市場である中国に対しては、広東風味や黒豆（トウチ）など中国料理の味付けのものを製造して輸出し、グァムなどフィリピンからの外国人労働者が滞在している場所にはフィリピン国内と同じ味付けのものを輸出している[13]。

　インドネシアのマグロ缶詰は、1990年代には GEISHA や BOTAN などのブランドの、日系資本の関与あるいは日本向け輸出を意図したと思われるクラシック味があったが、今日ではそれらのブランドを見かけることはなくなり、代わってインドネシア料理の味付けマグロ缶詰が出回るようになってい

る。「チャーハン(ナシゴレン)の素」のような、ユニークな製品もある。

　ここでハラールについて言及しておくと、タイ製とインドネシア製のマグロ缶詰のほとんどにハラールのマークがついている。ハラールとはイスラームに準拠して製造されていることを示すもので、このマークがついていればイスラームの人も安心して購入ができる。ハラール・マークは国際的に統一されたものではなく、国によって基準もマークのデザインも異なっているが、マレーシアではインドネシアの缶詰もタイの缶詰も市販されている。

4　韓国と日本

1）日韓のマグロ漁業

　本節では日本との比較を通じて韓国のマグロ缶詰産業の状況を浮き彫りにする。

　韓国では、缶詰原料として漁獲されたカツオ・マグロの多くがタイなどに輸出される。また国内缶詰メーカーは、国内向けに特化して生産している(写真3-2参照)。この状況は今日の日本と同様である。しかし日韓の間にはマグロ漁業の構造や缶詰の発展経路などについて、いくつかの興味深い違いがある。

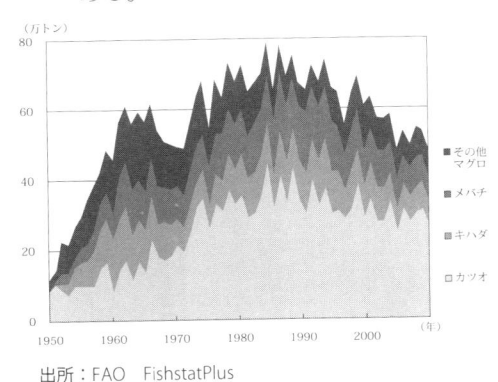

図3-8　日本のカツオ・マグロ漁獲量の推移

図3-9　韓国のカツオ・マグロ漁獲量の推移

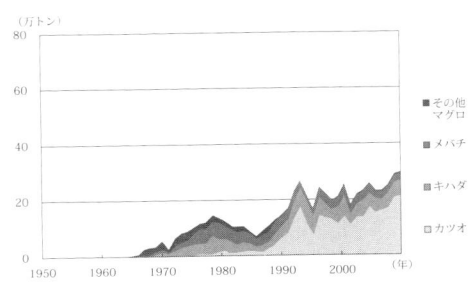

出所：FAO　FishstatPlus

表3-3 日韓の漁法別漁船隻数と集中度

国	漁場	漁法	企業数	隻数	ジニ係数
日本	国内	はえ縄	278	338	0.31
		釣り	59	63	0.12
	海外	はえ縄	136	354	0.54
		釣り	34	53	0.54
		まき網	22	35	0.57
韓国	海外	はえ縄	11	123	0.81
		まき網	4	28	0.65

注：ジニ係数は所得格差（ここでは企業別所有隻数の格差）を示す指標で0に近いほど所有隻数の格差がなく、1に近いほど格差が大きい。
出所：日本は水産新潮社『かつお・まぐろ年鑑』2010年、原データは水産庁遠洋課、2009年8月現在、韓国のデータは趙サンチョル氏より、2009年1月現在

図3-8、3-9は日本と韓国の魚種別漁獲量の経年推移である。この図からは一見、日本の漁獲量が非常に多く、韓国は小さいように見えるが、日本は歴史的漁獲量が多いことと、カツオ、キハダ以外の、刺身向けに特化した漁獲量が多いことが特徴である。直近のカツオ、キハダの漁獲量に限ってみれば、日本は35万トン（2009年）、韓国は26万トン（同年）で、韓国は日本の74％の漁獲量があり、日本は追い上げられていると見ることもできる。さらに次に述べるような産業構造の違いや、米国の3大パッカーの一つを買収したことを勘案すると、韓国のほうにむしろ先進性が見出される。

　日韓の漁法別漁船隻数を比べると、表3-3に示すように日本には漁場を国内とする漁業と海外とする漁業がある。刺身向けに大型のマグロを漁獲するのがはえ縄漁業、カツオの刺身・たたき、カツオ節にするカツオを漁獲するのが釣り（カツオ1本釣り）、缶詰加工原料用にカツオ、マグロを漁獲するのがまき網漁業である。韓国の場合は海外を漁場とするはえ縄とまき網しかなく、その企業数も少ない。1社あたりの保有船隻数で集中度を計測したジニ係数（1に近いほど集中度が高い）を比べると、韓国ははえ縄、まき網ともに係数が高く、日本より寡占的な構造であることがわかる。

2）韓国のマグロ関連産業の構造

　韓国と日本の最大の違いはマグロ関連産業の産業構造にある。韓国のほうがマグロ漁業と関連産業の水平的・垂直的な統合が進んでいる。漁船隻数と

企業数について見てみると、日本はカツオ・マグロのまき網船（海外まき網船）が35隻あるのに対して韓国は28隻で、漁獲量の比率と対応している。ところが、韓国のまき網船は船形が400-1200トンと大きく、ほぼすべてが海外まき網船となっている。この船型が国際標準である。それらの所有会社はドンウォン（東遠：61％）が所有船の過半数を占め、残りをシーラ（新羅：21％）、サゾ（14％）、ハンソン（4％）の4社が占める寡占産業となっている。日本の35隻は、22の会社により所有されている。最も保有船数の多い会社でも4隻しか所有していない。そして船形は、国内規制により349-499トン（国際トン数で約1000トン）で上限が規制されており、近年の代船建造時に3隻が国際標準の大型船に置き換わっただけである。

韓国には刺身用のマグロを漁獲するはえ縄船もあるが、それらの過半もまた上記の各社が兼営している。図3-10にはまき網とはえ縄の所有企業別所有隻数を示したが、このように缶詰用のまき網漁業と刺身用のはえ縄漁業を大手水産会社が水平統合しているのである。

さらに韓国では国内向けマグロ缶詰メーカーがほぼ上記のまき網漁業会社と一致しており、原料生産、原料輸出と缶詰生産を同一の企業が担っている。

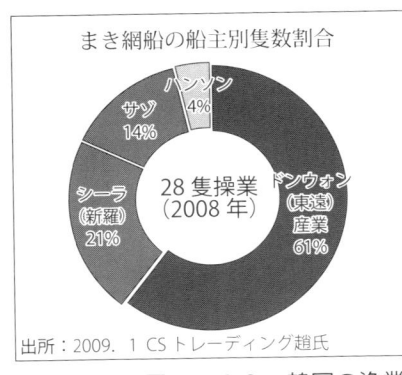

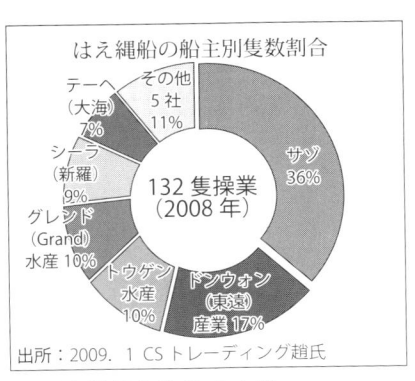

図3-10 韓国の漁業会社別漁船保有隻数の内訳

このように、韓国はマグロ缶詰にかかわる産業としては日本より後発であるが、その企業規模は大きく、漁業と加工業との垂直的統合も行われている。そして2005年には最大手のドンウォンが米国の大手缶詰パッカーを買収するに至っている。

3）日韓のマグロ消費市場

韓国はマグロ漁業において日本より後発であり、日本の中古船を用いて操業を開始した経緯がある。しかし限られた漁場における国際的な漁獲競争にさらされている今日的状況において、より国際競争力があるのは韓国ではな

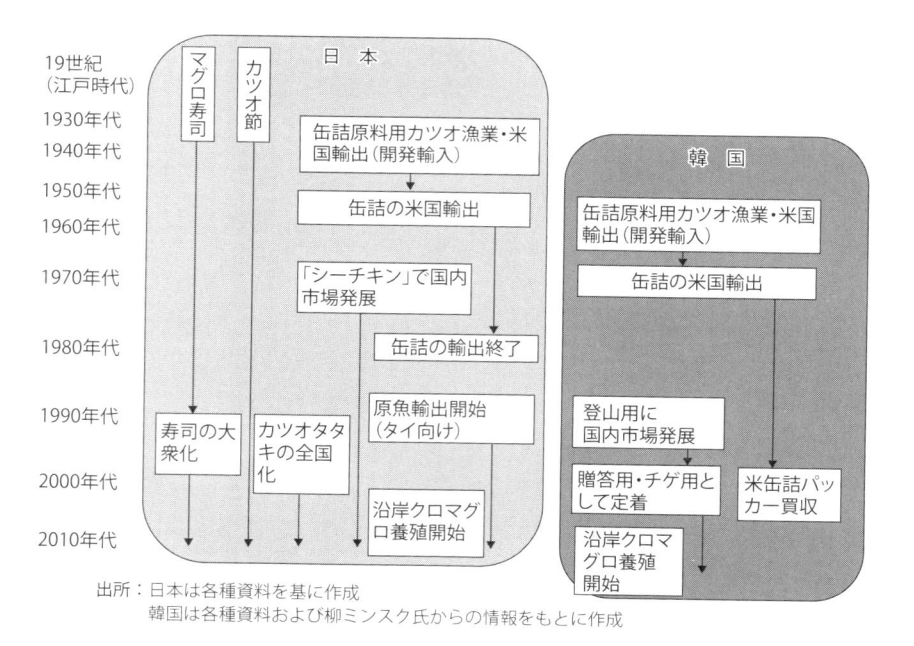

図3-11 日韓のマグロ漁業・缶詰加工業の発展経路

出所：日本は各種資料を基に作成
韓国は各種資料および柳ミンスク氏からの情報をもとに作成

いだろうか。図3-11にはこうした日本と韓国のマグロ産業の発展の違いを、刺身市場を含めて図示している。

　缶詰市場について言及すると、日本では缶詰が導入される前にカツオはカツオ節などとして食べる習慣があった。マグロ缶詰は、「シーチキン」などのネーミングをした企業努力も奏功し、国内市場に浸透していった。韓国では、カツオ、マグロを食べる習慣がなかったことから、国内市場は意識的に開拓しなければ開かれなかった。韓国では山登りがレジャーとして定着しており、そのとき缶詰などの食料を持参して食べる習慣がある。そこで山登りのお供の食材として提案されたのが国内市場を開くきっかけとなった。やがてクラシック味と調理済みのマグロ缶詰を計10缶程度組み合わせた詰め合わせセットが定番の贈答用商品となる。そして今日ではチゲ（鍋物）用の家庭での常備食材として欠かせないものとなっている。韓国市場においてマグロ缶詰は一定の地位を得ている[14]。

5　おわりに

　本章ではマグロ缶詰を中心にアジアでの生産と消費拠点のダイナミズムを概観した。プロダクト・サイクル論を適用した場合の日本、韓国、台湾、タイ、インドネシア、フィリピンの位置づけを確認し、その特徴を明らかにした。原料としてのカツオ・マグロの漁獲には、常に乱獲を回避すべきとの社会的圧力がかかっている。一方で、カツオ・マグロ漁業と缶詰産業に参入する企業は中南米、アフリカでも拡大しており、消費もまた、もはや欧米のみではなく、途上国にも広がっている。そうしたなかで、アジア諸国のマグロ漁業、缶詰産業には単なる拡大という以上の付加価値の創造が求められている[15]。

参考文献

小野征一郎　1998『マグロの生産から消費まで』、成山堂書店
水産総合研究センター　2005「国際漁業資源の動向（平成17年度）」（報告書）
山下東子　2008『東南アジアのマグロ関連産業』、日本評論社

---

[1] メバチ混獲については WCPFC 参照。
[2] 野菜スープ煮（vegetable broth）もある。これは水煮の代替品で、塩や風味はあるが、素材として使うために味付けされていない缶詰に分類される。
[3] 山下 (2008) に詳しい。
[4] 2006 年タイ・ユニコード専務からヒヤリング。
[5] 他国の漁獲についても、日本への刺身、鰹節輸出用に向けられるものや国内で加熱調理用に向けられるものがある。
[6] 缶詰生産量の、業務用と家庭用の内訳は不明である。
[7] FIRMS 2009, *Marine Resource Fact Sheet, Review of the state of world marine fishery resources 2011 Tunaand tuna-like species-Global*/FAO による。
[8] インドネシアにおいては 1998 年末の時点でカツオ鮮魚が消費地市場で売られていること、量販店の量り売りで切り身の塩茹でカツオが販売されていることを目視により確認している。
[9] 近年ではキャットフードにも血合いでなく赤身肉のみを用いる高級品が流通するようになっている。
[10] 筆者の目視によるとおやつパックは後にインドネシアでも製造され、マレーシア、米国でも販売されるようになっている。レトルト製品はベトナムにも輸出されている。
[11] 1998 年 V.Aprieto の説明による。
[12] 2008 年 Century 社にてヒヤリング。
[13] 筆者の目視による。
[14] 韓国でのマグロ缶詰の普及については柳ミンスク氏より 2008 年ヒヤリングによる。
[15] 本稿執筆にあたって大東文化大学特別研究費の助成を受けた。

第4章　インドネシアのマグロ産業の発展と対日輸出

鳥居享司、Achmad Zamroni

1　はじめに

　経済成長著しいインドネシアと日本との経済的なつながりは強まりをみせている。財務省の貿易統計によると、2011年のインドネシアの対日輸出はおおよそ2兆7000億円、そのうち農林水産物の輸出額は10%近くを占める。インドネシアから日本への農林水産物の輸出品目をみると、天然ゴム、合板、エビ、カツオ・マグロ類である。

　本章では、インドネシアにおける対日輸出品（農産物）として重要な「マグロ」に注目する。インドネシアにおいてマグロ産業が集積するバリ島ベノア地区を事例にとりあげ、マグロの対日輸出の実態についてみていきたい。

　インドネシアは我が国のマグロ市場にとってどのような位置づけにあるのだろうか。結論から述べると、インドネシアは日本にとって「生鮮キハダ」、「生鮮メバチ」の供給国として重要である。

　まず、キハダについてみてみよう。海外から我が国の市場へ供給される生鮮キハダは1995年の約4万トンをピークに減少傾向にあり、2011年には約1.4万トンとなっている（図4-1）。全体的に供給量が減少するなかで、インドネシアは年間7,000トンから1万トンを比較的安定的に供給する貴重な供給国となっている。ただし2011年については、後述するように漁に恵まれなかった影響もあり、日本への供給量は約5,000トンとなっている。その一方で、冷凍キハダについてはインドネシアからの供給が全体に占める割合はごく僅かである。

つづいて、メバチをみてみよう。海外から我が国の市場に供給される生鮮メバチは1995年の約2.3万トンをピークに減少傾向にあり、2011年には約1.2万トンとなっている（図4-2）。こうしたなかでインドネシアからの供給量は増加傾向にあり、2009年には1万トンを超えた。ただし、2010年、2011年はやや漁に恵まれなかったこともあり、7,000トンから8,000トンで推移するも、生鮮メバチの主要供給国であることに変わりはない。その一方で、冷凍メバチの供給はごく僅かに留まっている。

ビンナガ、クロマグロについては供給実績は乏しい。また、ミナミマグロについてもこれまでほとんど実績がなかった。しかし、キハダやメバチの資源水準悪化によってインドネシア漁業者の操業海域が広域化した結果、ミナミマグロの漁獲がみられるようになった。ミナミマグロは生鮮の状態で日本市場へ向けられている。2010年、2011年はともに155トンほどが日本へ輸出されている。これは日本へ供給される生鮮ミナミマグロの10％前後に

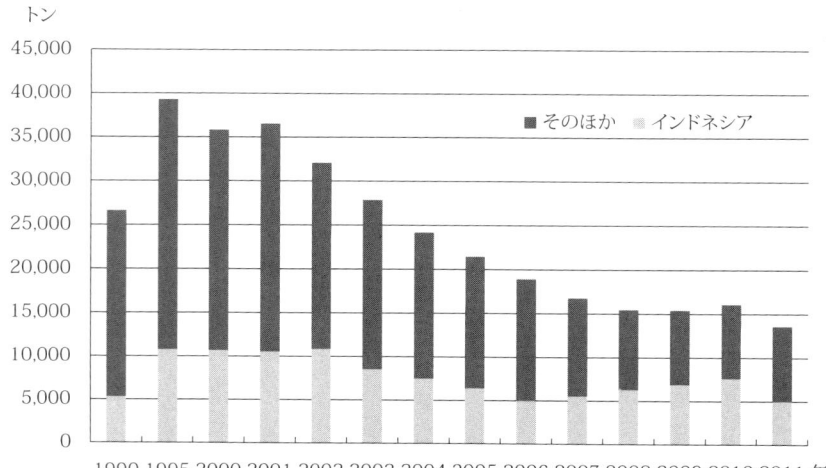

資料：貿易統計（財務省）

図4-1　日本への生鮮キハダ供給量の推移

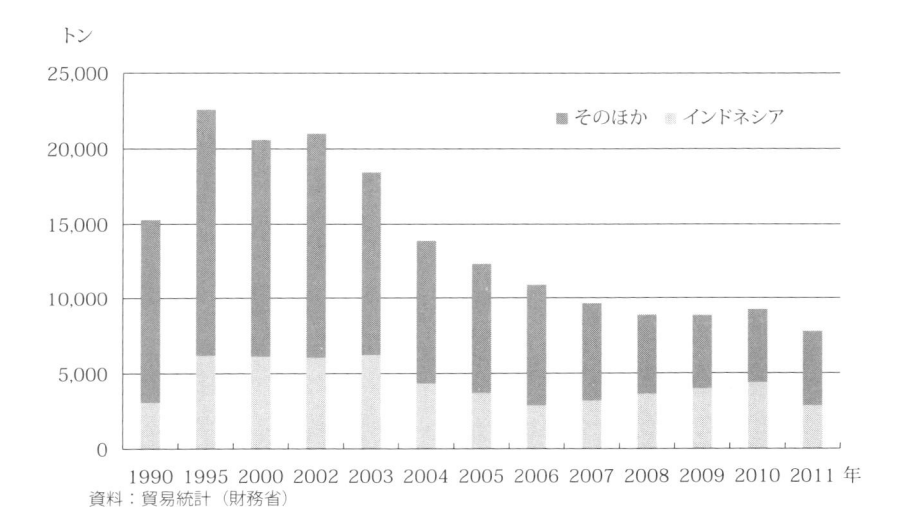

図4-2　日本への生鮮メバチ供給量の推移

資料：貿易統計（財務省）

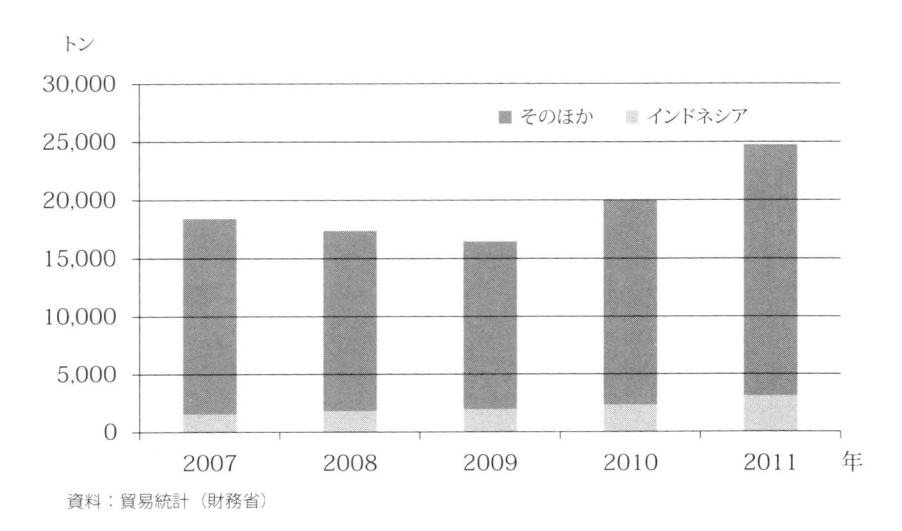

図4-3　日本への冷凍フィレ供給量の推移

資料：貿易統計（財務省）

相当する。

つづいて、日本への搬入量の多いマグロ関連製品である「冷凍フィレ」と「缶詰」とをみてみよう。冷凍フィレの供給量は2010年、2011年と増加傾向にあり、約2.5万トンが供給されている（図4-3）。インドネシアからの供給量は緩やかに上昇しており、冷凍フィレ全体に占める割合は15％ほどである。マグロ缶詰の供給をみると、日本市場へは毎年2.5万トン前後が供給されているが、インドネシアはその20％前後を占めている（図4-4）。タイについで第2の供給国としての位置にあるが、タイとの供給量の差は圧倒的である。

2　ベノアにおけるマグロ産業の概要

Benoa（ベノア）は、観光地として名高いバリ島に位置する（図4-5）。ベノアのマグロ事業は、1970年代に日本との合弁事業として始まり、現在で

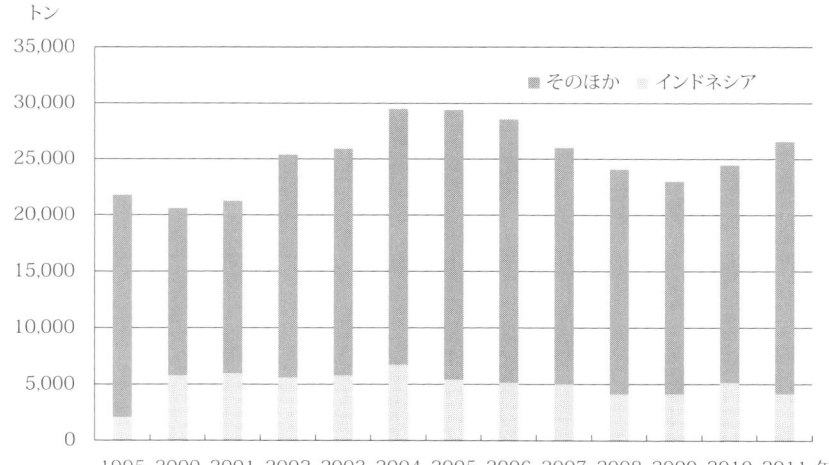

図4－4　日本へのマグロ缶詰供給量の推移

Ⅲ部　輸出志向型水産業　61

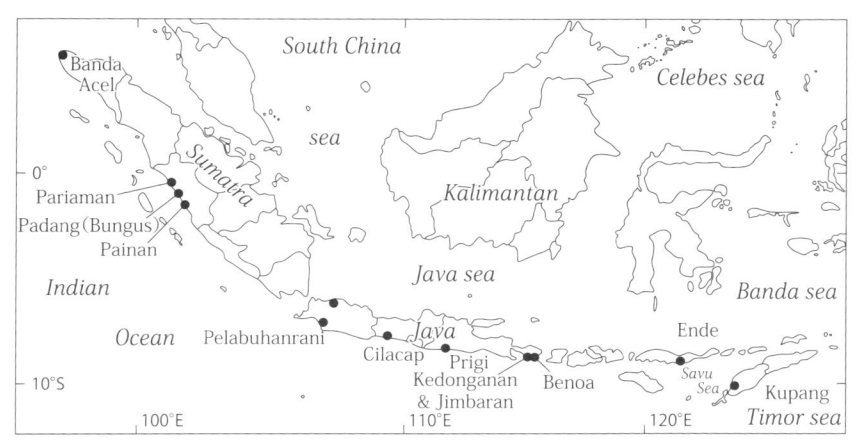

資料：Achmad Zamroni（インドネシア海洋水産省）

図4－5　インドネシアにおけるマグロ産業の立地図とベノアの位置

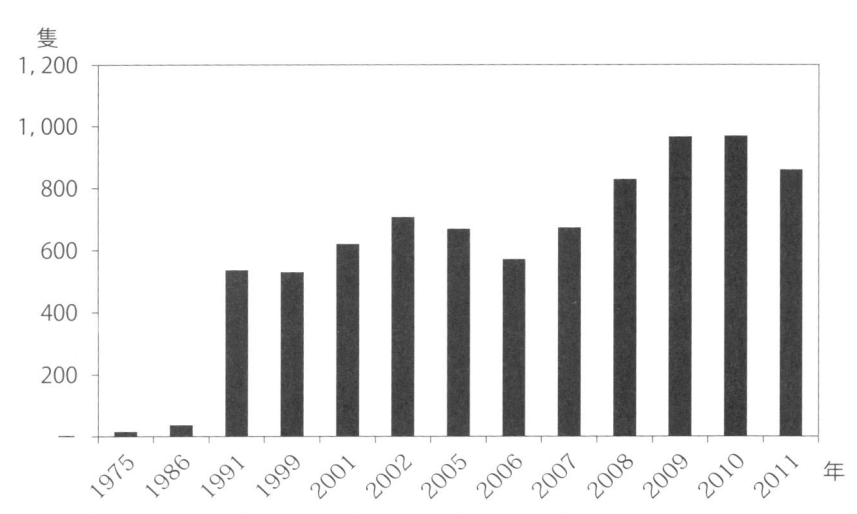

資料：proctor2003（1975〜2002）,ATLI2011（2005〜2011）

図4－6　ベノアにおけるマグロ漁船数の推移

はマグロ産業の集積地のひとつとなっている。ベノアにマグロ漁船や加工場が集積する理由のひとつに、空港へのアクセスが良いことがあげられる。朝に水揚げされたマグロをその日のうちに迅速に処理すれば、水揚げ当日の日本行き最終便に十分、積載可能である。翌日には日本に到着、その翌日には店頭に並べることが可能になるなど、生鮮マグロの出荷には非常に適していることが背景にある。

　ベノアにおけるマグロ漁船数は18隻（1975年）、36隻（1986年）、536隻（1991年）と大きく増加し、2010年には968隻に達した（図4-6）。

　ベノアへの水揚げ量はかつて2.5万トンから3万トンで推移してきたものの、2005年以降は大きく落ち込んでいる（図4-7）。

　そして、これらマグロ漁船が水揚げするマグロを取り扱う企業が複数、立地している。生鮮マグロを輸出する企業が14社あるほか、マグロをフィレ等に加工して冷凍出荷する業者が12社存在する。マグロの漁獲・処理・販売のルートを俯瞰すると図4-8のようになるが、詳しくは後述する。

1）漁獲から水揚げまでの過程

　ベノアにはマグロ漁船が1,000隻ほど存在する。このうち、生鮮マグロを輸出する企業所有のマグロ漁船は全体の10％から20％ほどである。大半は漁業会社が所有する漁船であり、それらは生鮮マグロ輸出企業と契約関係を結んでいる。漁業会社（漁業者個人による経営、企業型経営を含む）にはかつて台湾資本が入っていたが、現在はインドネシア資本によるものが中心である。乗組員はインドネシア人中心、一部、フィリピン人である。

　マグロの漁獲方法は、一本釣り、延縄、旋網である。30トン以下の漁船は一本釣り、それ以上の漁船は延縄や旋網で漁獲する場合が多い。

　漁獲対象は、メバチ、キハダである。延縄船や一本釣り船はエサとしてイワシ、サバヒー、サバ、アジ、コノシロ、イカなどを用いている。主な漁獲海域は、インドネシアの南部海域である。ベノア近海におけるマグロの漁獲

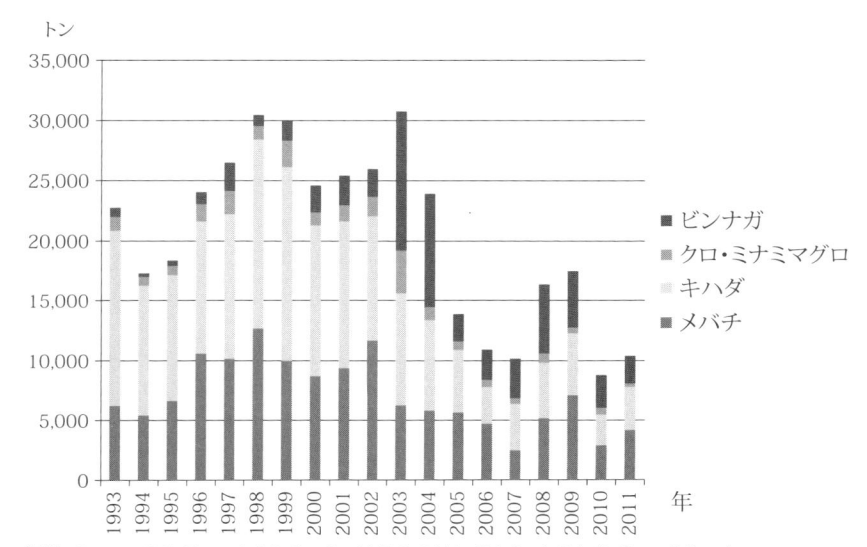

III部　輸出志向型水産業　63

図4-7　ベノアにおけるマグロ水揚げ量の推移

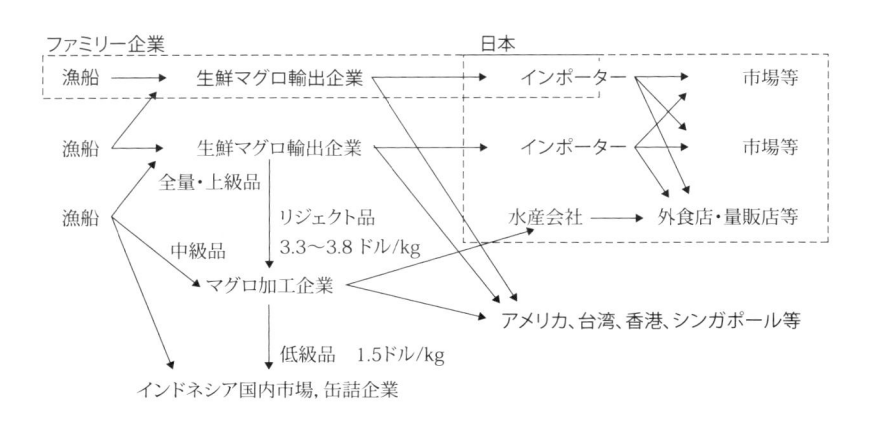

資料：Proctor, C. H., Merta, I. G. S., Sondita, M. F. A., Wahju, R. I., Davis, T. L. O., Gunn, J. S. and Andamari, R. (2003) A review of Indonesia's Indian Ocean tuna fisheries. ACIAR Country Status Report. 106 pp.

資料：聞き取り調査により作成

図4-8　マグロの漁獲から出荷までの流れ

量がやや減少していることから、バリ島の東南部沖合海域まで操業海域を広げている（図4-9）。その結果、漁場の一部がミナミマグロの生息海域と重なり、ミナミマグロの漁獲が一定量みられるようになった。

　漁場の沖合化に伴い、運搬船を導入する漁業会社が増加しており、運搬船の隻数は2002年26隻から2011年139隻となっている[1]。漁獲船は漁場で操業を継続、運搬船が各漁船をまわって漁獲物を集荷、ベノアへ水揚げする方式が定着化している。1航海あたりの操業日数は20日から10ヵ月ほどとなっている。通常、1隻の漁船（漁獲船）には、漁労長、機関長、機関スタッフ2名、乗組員7名の計11名が乗り込む。

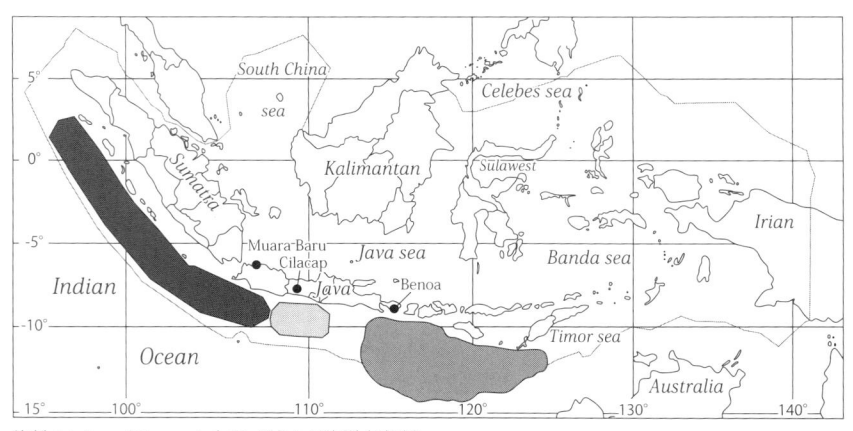

資料：Achmad Zamroni（インドネシア海洋水産省）

図4－9　マグロの漁獲海域

2）水揚げ後の取り扱い

　ベノア港に集荷されたマグロを取り扱うのは、生鮮マグロの輸出を主体とする企業（以下、生鮮マグロ輸出企業と称す）、フィレやチャンクなどへ加工・処理した冷凍マグロの輸出を主体とする企業（以下、マグロ加工企業と称す）である。

　まず、ベノア港へ水揚げされたマグロは、生鮮マグロ輸出企業の検品担当者や日本人バイヤーなどによって検品を受ける。検品担当者が「A グレード」、「AA グレード」と判断した品質の優れるマグロについては、生鮮マグロ輸出企業において鰓と腹を処理する。冷却後に海外市場へ向けて空輸するが、その 95％が日本市場へ向けである。

　一方、検品担当者が「B グレード」以下と判断したマグロは「リジェクト品」として取り扱われ、マグロ加工企業や地元市場へと向けられる。マグロ加工企業向けのマグロは 300 円/kg から 350 円/kg、地元市場向けのマグロは 100 円/kg 程度となる。

　ベノアにはマグロ製品を製造する企業が数多く立地しており、「リジェクト品」のなかでも上級グレードのマグロをステーキ、フィレ、チャンク、サクなどへ加工して冷凍出荷している。これらの製品も海外市場へ向けて出荷されるが、おおよその割合はアメリカ 80％、EU15％、日本 5％である。フィレ等にも向かない下級グレードのマグロは、インドネシア国内の市場や缶詰工場などへ向けられる。

3）近年の状況

　ベノアにおけるマグロ漁船数は 1990 年代後半まで 500 隻ほどであったが、2000 年代初頭には 700 隻、現在では 1,000 隻ほどへ増加した。その背景には、品質の劣る「リジェクト品」を取り扱うマグロ加工企業の成長がある。従来まで「リジェクト品」は 100 円/kg 程度でインドネシア市場に向けられていた。しかし、マグロ加工企業が「リジェクト品」のうち、ある程度良質なものを加工して海外輸出するようになったことから、「リジェク

ト品」への需要が高まり、その取引価格も倍近くまで上昇した。その結果、漁業会社の利益も増加したことから、経営者は保有漁船数を増加させ、さらなる利益を求めた。

　しかし、漁船数の増加は激しい漁獲競争を引き起こし、マグロ資源への漁獲圧増加によって一部海域では漁獲量が低下する事態がみられるようになった。2005年以降、漁獲量が急速に落ち込んでおり、ベノアへの水揚げ量も減少傾向にある（図4-7）。さらに、乗組員の確保競争によって人件費が上昇したことに加え、国際的な燃油価格上昇などによりマグロ漁業の操業コストは上昇傾向にあることが指摘されている[2]。

　マグロ漁業にかかる操業コスト上昇は、新たな4点の動きを生み出している。

　1点目は、「リジェクト品」を取り扱うマグロ加工企業の存在意義の高まりである。操業コストの上昇によって「リジェクト品」をインドネシア市場へ販売しても漁業経営の採算がとりづらくなったことから、「リジェクト品」をインドネシア市場価格よりも高値で買い取るマグロ加工企業は、漁業会社にとって必要不可欠な存在になっている。

　2点目は、効率性の追求である。漁業会社のなかには、漁獲方法を延縄から漁獲効率の高い旋網へ転換するケースもみられるようになった。旋網船への転換の動きは2006年頃から始まり、2011年には41隻が稼働している[3]。

　3点目は、休漁船の増加である。周辺海域のマグロ資源水準悪化によって、操業に出ても十分な漁獲を得られる見込みが薄いと判断した経営体では休漁するようになった。ベノアを拠点とする1,000隻ほどのマグロ漁船のうち、実際に稼働しているのは半分程度の状況にある。

　4点目は、漁獲対象魚の転換である。漁具等を改造して漁獲対象魚をマグロからイカなどへ転換したケースもみられる。

3　生鮮マグロ輸出企業の動向

　先にベノアには生鮮マグロを輸出する企業が14社あることを指摘したが、

以下ではそれらの企業活動をみていく。

1）A社

　A社は国営のマグロ延縄企業である。本部はジャカルタ、支部がベノア、アンボン、ビトゥン、スラバヤなど9カ所にある。

　事業の中心はマグロの漁獲である。マグロ延縄漁船15隻、運搬船2隻を保有している。1隻あたり12名が乗り込んでおり、乗組員はすべてインドネシア人である。

　操業海域は、インド洋、バンダ海、オーストラリア近海であり、漁場へのアクセスには1週間ほどの時間を要する。1990年代以前はキハダ、1990年代以降はメバチが中心である。漁獲船は漁場で2ヵ月ほど操業を継続、運搬船は漁場で2日から3日ほどかけてマグロを集めて帰港する。運搬船が導入されるまでは往復25日程度の操業であったが、燃油高騰によって漁場へのアクセス費用が上昇したためチルド冷蔵庫を備えた運搬船を導入した。なお、漁獲量は年間750トン程度である。

　運搬船が持ち帰ったマグロについては、自社の加工場にて処理する。まず、日本人のバイヤーが品質のチェックを行う。品質の良いマグロについては輸出に向ける。自社の加工場において鰓と腹の処理したのちに洗浄する。販売先は日本のみであり、デンパサール空港から成田空港や関西空港へ向けて空輸する。価格交渉はベノアで行い、その価格はおおよそ6ドル/kgから7ドル/kgである。

　一方、漁獲後の取り扱いが悪いマグロについては「リジェクト品」として取り扱う。リジェクトと判断される割合は50％ほどである。それらをマグロ加工企業へ3ドル/kg前後で転売する。

2）B社

　B社は、漁獲船2隻、運搬船2隻を用いて操業するほか、マグロ漁船40隻と「操業にかかる一切の費用をB社が負担する、漁獲物は全てB社が引き取る」といった契約関係を締結する、他社から漁船を借りて操業する、と

いった方法でマグロを確保している。

　B社は、自社や契約関係を締結した漁船などが漁獲したマグロを自社で保有する運搬船を用いて集荷、ベノア港まで搬送する。なお、2011年、マグロの漁獲量が極端に落ち込んでおり、2010年に比べて70%減となっている。

　ベノア港で水揚げした後、運搬車を用いてHACCP対応の自社加工場へ搬入する。その後、刺し棒を用いて頭部と尾部の2カ所を検品する。脂ののり、色目、触感などについてチェックし、一定以上の品質ものは輸出、それに満たないものは「リジェクト品」とする。マグロの品質は漁獲後の取り扱いに左右されるほか、バンダ海で漁獲したマグロの品質は低い傾向にある。

　「リジェクト品」として取り扱われるものについては、近くのマグロ加工企業へ販売する。加工企業は「リジェクト品」をサクやロインへ加工、アメリカ、EU、インドネシア国内市場へ販売する。

　検品役が輸出に向くと判断したマグロの取り扱いは、日本市場向けとアメリカ市場向けでやや異なる。日本向けに生鮮出荷するマグロについては、鰓と腹の処理、洗浄処理を行った後に冷却プールのなかで冷やす。冷やし込みの時間は飛行機便の時間次第であり、数時間から1日ほどである。その後、冷却プールからマグロをとりだし、拭き上げをするとともに、出荷証明書とドライアイスとともに段ボール箱へ詰める。ひと箱あたり100kgから120kgになるよう尾数を調整する。梱包後、トラックによってデンパサール空港へ運び、そこから成田空港に向けて空輸する。

　日本の市場に上場されるのは出荷後2日であり、日曜日は魚市場の休業日にあたるため、金曜日は出荷を行わない。また、取引関係にある日本のインポーターから市場におけるマグロ価格が毎日のようにFAXによって送られてくるため、それを見ながら出荷の判断を下す。日本に到着したマグロの出荷先市場については、インポーターが判断を下す。卸売市場において価格が決まると、インポーター15%、B社85%の割合で配分する（円決済）。アメリカ向けについては、頭部と尾部を切り落として冷凍出荷する。アメリカ向けについては日本出荷とは異なり固定価格である（ドル決済）。

2010年の輸出量は約600トンであり、日本80％、アメリカ20％であった。種類別に見ると、輸出量の多い順からキハダ、メバチ、ミナミマグロであった。今後の展開については、漁獲船の増隻、取引相手の多様化、新市場の開拓を検討している。自社の所有船と合わせると漁獲船は42隻であるが、増隻を検討している。日本の取引相手は2社であるが、取引相手の拡大を予定している。また、中国市場は、「次の市場」として有望であると判断している。韓国市場についてはレストランにおける需要程度であり、規模が小さいと判断している。

3）C社
　C社では、加工部門に45名（常勤）、漁船をあわせると100名を超える人員を雇用している。保有する漁船をみると、延縄漁船23隻、運搬船2隻、サメ漁獲を目的とした刺網漁船15隻となっている。
　マグロ延縄船はキハダ、メバチを漁獲している。漁獲船は漁場に8ヵ月ほどとどまり、操業を継続する。食事、水、燃油などは運搬船が供給する。なお、漁獲海域ではマグロ漁船が多数操業しており、漁獲競争は厳しさを増している。
　漁獲海域からベノアへは運搬船を用いる。マイナス2度程度のチルド室を備えた運搬船を操業海域まで航行させ、漁獲船はそれぞれの漁獲物を運搬船まで運ぶ。運搬船の運航頻度は、ピークシーズン4回/月（2隻体制×2回）、ローシーズン2回/月（2隻体制×1回）である。漁船・運搬船ともに積載能力は約30トンであるが、満載になることはほとんどない。
　その後、ベノアの加工場で選別・出荷処理を行う。輸出に向くのは40％から50％、リジェクトされるものは50％から60％の割合である。マグロの品質は、漁場までの距離、気温、海況によって影響を受ける。海況が悪い場合、水揚げまでに時間がかかり品質が劣化、リジェクト率が大幅に上昇する。漁獲量が少ない場合、船倉にスペースができる。波浪の影響によって船倉に保管したマグロが動揺するため品質劣化する。

日本へ輸出するマグロについては鰓と腹の処理、洗浄と冷やし込みを徹底する。デンパサール空港から航空便によって成田空港や関西空港へ搬送する。「リジェクト品」については、マグロ加工企業へ販売する。

　C社ではピークシーズン4日/週、ローシーズン2日/月ほど出荷を行っている。ただし、ローシーズンにおいても、他社からの委託があると6日/月ほどの操業になる。また、ビトゥンのファミリー企業から多様な魚介類が送られてくるので、それを冷凍してジャカルタや地元市場へ出荷している。

　日本への出荷は委託販売である。市場で価格が決まるとインポーター15％、C社85％のように配分する。輸送コストはC社が負担する。決済期間は、市場で販売後3日から4日である。日本への輸出量は減少傾向にある。その原因は漁獲量の減少にある。今のところ、自社以外の漁船からマグロを調達する予定はない。また、他国への輸出は考えていない。

　輸出許可を持たない漁船オーナー（1名）からマグロ輸出を委託されている。輸出向けについては1,800ルピア/kg、リジェクト品については200ルピア/kgの手数料（梱包費などを含む）を徴収している。日本への輸出に必要な輸送費については漁船オーナーが負担する。

4）D社

　D社はインドネシア系台湾人が所有する会社である。オーナーは、D社のほかにインドネシア国内に加工場、日本にもファミリー企業を有している。そのファミリー企業がマグロの受入と最終出荷市場を決定するといった役割を担っている。

　それではまず、マグロの漁獲と買い付けをみてみよう。D社では1995年より、キハダやメバチを漁獲、日本やアメリカへ輸出している。自社船24隻と契約関係にあるマグロ漁船が漁獲するキハダを自社の加工場で処理している。契約漁船数は1995年10隻、2011年は80隻まで増加している。自社での漁獲量は通常200トンほどであるが、2011年は100トンほどと半分近くに減少した。そのため、契約した漁船から200トンほどを調達、

2011年の取扱量はおおよそ300トンである。

　D社では、漁獲量減少の原因として、マグロ旋網船の増加を指摘している。3年ほど前から旋網船の営業許可が多数出されており、延縄から旋網へ転換した多数の漁船が小型マグロまで大量漁獲していることが影響しているのではないかと推測している。

　周辺海域でマグロを十分に漁獲できなくなったことから、自社船24隻中9隻がベノアから1,000km近く離れたクリスマス島周辺海域で操業するようになった。この9隻はドライフリーザーを備えた新型船であり、冷凍マグロを自社加工場へ供給している。

　こうして集荷したマグロをベノアの自社加工場においてマグロを選別にかける。グレードによって出荷先が異なり、A＋グレードとAグレードは鰓と腹を処理した後に日本市場、A－グレードは頭部と尾部を処理した後にアメリカ市場へ出荷することが多い。BグレードとCグレードは「リジェクト品」としてベノアの加工企業へ販売する。2011年に確保した300トンのうち、海外向け（A＋、A、A－グレード）が200トン、「リジェクト品」（B、Cグレード）が100トンであった。海外向けに選別されたマグロのうち90％が日本、10％がアメリカ向けであった。

　日本へは、金曜日を除き毎日出荷している。マグロが少ない場合は、3日に一度の出荷となる。デンパサールから成田空港、関西空港、福岡空港を経由して市場に出荷する。築地市場へはAグレードのメバチ、大阪市場へはAグレードのキハダ、福岡市場へはA＋のキハダを出荷する場合が多い。出荷先については日本で活動するファミリー会社が指示する。

4　マグロ加工企業の動向

　つぎに、「リジェクト品」を取り扱うマグロ加工企業の活動内容についてみていきたい。ベノアには「リジェクト品」を取り扱うマグロ企業が12社存在するが、かつて日本とインドネシア資本とのジョイントベンチャー方式で設立され、その後独立したE社に焦点をあてる。その生い立ちから日本

市場との関係が依然として強いものの、資本関係解消後はアメリカ市場への積極的な販売対応をみせる企業である。

1）沿革

　E社の前身は、1990年代後半、日本の外食企業が自社で使用するネギトロを製造するために設立したことに遡る。インドネシア資本とのジョイントベンチャー方式であった。しかし、2003年、外食企業がインドネシアの事業より撤退することを決めたため、ジャカルタに在住する日本人からの資金提供を受けてE社として独立した。

　E社の敷地面積は3,000㎡、延べ床面積1,500㎡、超低温冷蔵庫の容量100トン（製品ベース）、社員数120名（加工場90名、セキュリティ、運送、掃除などに30名）である。1ヵ月あたり基本給は1万円、残業代を入れると2万円ほどになる(繁忙期)。それぞれの工程に責任者をたてているが、重要なポイントは日本人の責任者が管理している。雇用と解雇の管理、政府や警察、軍隊との交渉、工場のメンテナンスなどは現地の事情をよく知るインドネシア人が担当している。

2）マグロの買い付け

　E社では、「リジェクト品」のなかでも品質の良いマグロを原料に製品を製造することを基本としている。年間の取扱量は、マグロの漁獲量減少とともに減少傾向にある。2010年の取扱量は例年の1/2ほど、2011年は例年の1/3程度になっている。

　その一方で、マグロの水揚量減少にともなって、「リジェクト品」の価格はは3.3ドル/kgから3.8ドル/kgへと上昇しており、原料確保をめぐる競争関係が厳しさを増している。

（1）2010年までの状況

　E社では漁船を保有していない。漁獲と加工業は全くの別業務であり、両立するのは容易ではないと判断している。E社ではベノアに水揚げするマグ

ロ漁船から購入している。

　マグロの買い取り価格については、年間2回から3回ほど漁船オーナーと加工企業の責任者が集い、交渉して決定する（ベノアには日本のような産地市場は存在しない）。E社では、「リジェクト品」をAグレードからDグレードの4段階に分けている。Aグレードは「1週間くらい生でもつ品質（日本まで2日、店頭で5日）」、Bグレードは「1週間はもたないが、今切って超低温にかければ生鮮で販売可能なもの」、Cグレードは「色が悪いが、アメリカ向けにステーキとして出荷可能なもの」、Dグレードは「加熱しなければ出荷できないもの」である。マグロを買い付ける際、グレードごとに価格を設定するのではなく、リジェクトされるB〜Dグレードをひとまとめにした価格を決定する。

　マグロを購入するためには、マグロ漁船のオーナーと契約を交わすことが必要になる。なお、契約といっても正式な文章はなく、口約束程度のゆるやかなものである。E社では、70隻から80隻のマグロ漁船と、彼らの漁獲物から発生する「リジェクト品」をすべて引き取るといった内容の約束を結んでいる。

　「リジェクト品」はかつて買い手市場であったが、リジェクト品を加工する企業が数多く存在するようになったため、現在では売り手市場となっている。ただし、マグロ加工企業への販売価格がむやみに上昇すれば、加工企業の経営が成り立たない。加工企業が廃業に追い込まれて加工能力が減少すると、漁業会社は水揚げの多い時期に売り先を確保することができず、インドネシア国内市場へ出荷せざるを得ない。インドネシア市場での価格は1.5ドル/kg程度であり、マグロ加工企業の買い取り価格よりも安価である。結果的にマグロ漁業者の経営も悪化する可能性がある。こうしたことから、漁業会社はむやみに価格をつりあげようとはせず、2010年まで「リジェクト品」の価格はほぼ横ばいで推移してきた。

　E社の取り扱い状況は、キハダとメバチで全体の95％、残り5％はミナミマグロである。取り扱うマグロのグレードはB、C、Dであり、その構成

はおおよそ 4:5:1 である。マグロの品質は漁獲後の処理・保管によって大きく左右されるが、処理の悪い漁船はほぼ決まっている。あまりにも品質が悪い場合（たとえば D グレードばかりなど）、交渉して価格を下げさせるなどの措置をとる。なお、D グレードのマグロについては製品の原材料として適さないので、缶詰会社へ販売している。

(2) 2011 年

2011 年に入ってマグロの水揚げ量が大幅に減少、例年の半分以下となっている。ベノアでの水揚げ量が大幅に減少したことから、フローレンスやスンバワなどイントネシア東部地域からキハダを集荷している。これらの地域では、地元の漁業者が 2 名乗り程度の小型船を用いてキハダを漁獲している。まとまった水揚げ量がある一方で、これらの地域は交通便が悪い。ベノアまで輸送して処理、その後日本へ出すにはコストがかかることから、これまでは取り扱ってこなかった。

しかし、ベノアでの水揚げ量が大幅に減少したことから、こうした地域のマグロを取り扱わざるを得ない状況にある。今後はフローレンスやスンバワなどで漁獲されたキハダの取り扱いを強める予定である。

原料不足によって、前年まで 3.3 ドル /kg 程度で推移してきた価格が、現在は 3.8 ドル /kg ほどへと上昇している。ジャカルタ方面からのマグロの買い付けも強まっており、彼らはマグロ船主へ 3.8 ドル /kg ほどの価格を提示している。高値でも買っておかないと、今後の買い付けルートを失ってしまうことから E 社も 3.8 ドル /kg で購入している。なお、歩留まりが約 50％であるため、原料換算で 1 ドル /kg ほど値上がりした計算となる。

3) 製品の販売

E 社では生鮮マグロを使用した製品がメインであり、サク、ネギトロ、ほほ肉、漬け、寿司ネタなどを製造している。開業当初は日本へのみ出荷していたが、現在では日本をはじめアメリカ、中国などへ販売している。需要者から要求されるスペックは形状と重量であり、注文が多いのは寿司ネタであ

る。しかし、寿司ネタの製造には手間がかかる一方で、それを価格転嫁するのが難しいことから、積極的な受注はしていない。出荷量が最も多いのはサクである。製品の製造過程では、機械の導入を極力避けている。インドネシアの賃金水準は低いため、機械を導入して省力化を推進しても経済的に優位にならないためである。なお、2011年は原料不足のため、加工場の稼働率は50％程度になっている。

　出荷先の割合をみると、開業当初は日本へのみ出荷していたが、現在ではアメリカ向けが中心を占める。出荷先は決済が確実な日本を中心にしたいという考えをもっていたが、日本市場はスペックに厳しい割に価格がでないことから、徐々にアメリカ向けを増やし、2年ほど前からはアメリカ向けが多くを占める。

　日本やアメリカ、中国への出荷の経路は、ベノア、スラバヤ、シンガポール、クアラルンプール、中国、日本を経てアメリカ（ロサンゼルス、シカゴなど）である。香港へは出荷ロットが小さいので空輸している。輸送コストについては取引相手の負担としている。決済期間は通常3週間である。決済の安全性を確保するため、コンテナ船が現地に到着する前に決済を済ませることとしている。

(1) 日本市場

　日本とは水産会社3社を通じて取り引きしており、いずれも買い取り販売形式をとっている。超低温コンテナ（40フィートコンテナ、20トン積載可能）を用いてワンフローズンものを搬送していることから、ドリップが出づらい点が評価されている。出荷形態はかつてサクが中心であり、納品先の量販店は販売日の前日に解凍して店頭へ陳列していた。

　しかし、量販店においてサクの売り上げが減少、それに代わって刺身の状態まで処理されたものの売れ行きが伸びるようになった。その処理を日本で行うとコストがかかるため、量販店はE社へ依頼するようになった。ただ、寿司ネタなどの製造には手間がかかるうえ、それを十分に価格転嫁できないため、積極的な受注はしていない。

量販店との直接取引ではなく水産会社を経由する理由として、最終的なパッケージの印刷、大量梱包からのリパック、国内の需要者との交渉などの役割が必要であることがあげられる。

　なお、新規取引契約を打診されるものの、原料となるマグロを確保できる見込みが薄いため対応できていない。

(2) アメリカ市場

　アメリカとは5社と取り引きしている。いずれも日系企業であり、直接出荷、あるいは日本の会社を通じて出荷している。アメリカ向けは、ステーキカットとサクが半々の割合である。以前は、ハワイにおいて需要の高いキューブカットも手がけていたが、手間がかかるため中止した。ステーキカットについては、生鮮マグロを4オンス、6オンス、8オンス、10オンスに切りつけて冷凍している。

　ただ、E社は、刺身で食べることができる品質のマグロ製品を製造することを目指しており、価格が安いステーキをこれ以上、増やすことは考えていない。なお、アメリカ向けの製品については、一酸化炭素を用いる。

(3) インドネシア市場

　2011年12月よりインドネシア国内向けの販売を開始する。2009年頃、日本よりカツサンド試作の要請を受け、マグロカツを製造してみたものの交渉はまとまらなかった。このサンプルをインドネシア内に200店舗ほど展開するF社（イートイン方式のいわゆる「定食屋」）の責任者に試食してもらったところ、十分に売れると判断された。

　インドネシアでは所得水準が年々上昇しているうえ、海外出張等で日本食を食べた経験がある人も増加しており、インドネシア国内市場への対応にも力を注ぐ予定である。ただし、刺身についてはやや「敷居」が高いうえ、刺身の提供に対応できるコールドチェーンが十分に発達していないことから、今後も難しいと考えている。

(4) そのほか

　中国については日系企業に出荷している。香港向けにひと月1回、サク

を500kg程度出荷している。中国本土の市場については、価格が見合わないため出荷していない。EUについては、3年ほど前に正式な許可書を輸出取得、実験的に出荷を行っている。このほかにも、中国、韓国、欧米、ロシアなどの現地企業からも取り引きの話しがあるが、決済に不安があるため直接取引はしないようにしている。

5　おわりに

　以上、インドネシアにおけるマグロ産業の実態についてみてきた。インドネシアにおけるマグロ産業の集積地・ベノアには約1,000隻のマグロ漁船が存在し、それがキハダ・メバチを中心に漁獲している。

　ベノアに水揚げされたのち、上級品は生鮮マグロ輸出企業によって日本市場を中心に生鮮出荷される。2011年は、6ドル/kgから7ドル/kgほどであった。一方、生鮮マグロ輸出企業によって下級品と判断されたマグロは、マグロ加工企業へ転売される。その価格は3ドル/kgから3.8ドル/kgであり、生鮮出荷（輸出）に比べてほぼ半値である。マグロ加工企業はリジェクト品から様々な商品を製造して日本やアメリカへ冷凍出荷する。加熱しなければ食用に向けることができない低級品については、インドネシア国内市場や缶詰加工企業へ転売する。その価格は1.5ドル/kgほどである。

　このように、生鮮マグロ輸出企業、マグロ加工企業、缶詰加工企業が使用するマグロは品質を基準に棲み分けられており、多様な品質のマグロが無駄なく利用されている。そして漁獲物、あるいはマグロ関連製品の多くが日本市場へと向けられている。

　その一方で、課題として顕在化しているのが「資源問題」である。2005年以降、キハダ・メバチの漁獲量が急激に減少しており、生鮮マグロ輸出企業では、自社のマグロ船の操業海域を沖合化させる、契約関係を締結する漁船数を増加させるといった対応によってマグロの確保に力を注いでいる。マグロ加工企業では、従来まで価格や品質の面から取り扱ってこなかった地域のマグロを取り扱いはじめたケースもみられる。

今後の漁獲の行方を注視するとともに、こうした「変化」がインドネシアにおけるマグロ産業、および我が国へのマグロ供給構造へ与える影響については、今後の検討課題としたい。

参考文献
財務省「貿易統計」（各年度版）
東京水産振興会　2011　『主要水産物の需給と流通・改訂版』

---

[1] PSDKP 2011 (data recorded up to February 2011); Data 2002)
[2] 聞き取り調査によると、操業コストは、燃油、食料（1～2ヵ月分）、メンテナンス費用、エサ代、乗組員の給与などから構成されるが、燃油高騰によって全コストの60%から70%を燃油代が占める状況にある。
[3] PSDKP 2011 (data recorded up to February 2011); Data 2002)

第5章　フィリピンの水産物貿易の特徴
―ある日系企業の活動を通して―

山尾政博

1　はじめに

　東南アジア各国には、日本の大小様々な食品製造企業が直接・間接投資を行っている。水産系企業の投資活動は他の分野に比べてはやく、その目的は日本向け原料の買い付けから、高次加工品の生産、最近では第三国向けの日本食材の提供にいたるまで多種多様である。本章では、フィリピンにおいて事業を展開する水産系企業A社の事例を紹介し、東南アジアと日本との間の水産物貿易と国際分業の実態の一端を検討してみる。

　対象としたA社は、フィリピンを拠点に活動する企業であり、従業員規模は大きい。既に2章で述べたように、タイ、ベトナム、インドネシアには水産食品製造業、食品産業の集積がみられ、その豊富な資源もあって日本にとっては水産物の主要輸入相手国である。一方、フィリピンは、マグロ類、ミルクフィッシュ加工品、カニ缶詰、エビ類、海藻類などの輸出は盛んであるが、付加価値が高い各種冷凍調理食品や加工品などの競争力はそれほど強くはない。島嶼国家であるフィリピンは水産資源が豊富で資本漁業の発展が著しいと考えられがちだが、実際には、漁業経営の大半は沿岸域で操業する小規模漁業（マニシパル漁業）である。一方、最近は国内市場において水産物に対する需要が拡大していることもあって、冷凍水産物を中心に輸入が増えている。

　東南アジアでは、水産業をめぐる諸環境が国によって大きく異なっている。インドネシア等については別稿[1]を参照していただくことにし、また、調

査時期や手法などが同じでないため、企業間の比較は実施しなかった。本章はあくまでも様々な活動を行う企業のひとつを事例として紹介するものである。フィリピンのA社については2008年から2011年にかけて調査を実施した。

2 フィリピンの水産業と日系企業

1) フィリピン水産業の動向

　東南アジア諸国のなかでも、島嶼国家であるフィリピンは国民経済に占める水産業の割合が高く、地域社会にとっては基幹産業であることが多い。フィリピンの海面漁獲漁業は、小規模漁業と商業的漁業とに分けられている。小規模漁業は、市および町（municipality）が管轄する漁業であり、沿岸から15km以内の海域で3トン未満の漁船等を用いて行われるが、通常、マニシパル漁業と呼ばれる。マニシパル海域内での漁業操業、資源管理、漁民・漁船・漁具の登録や許可、取り締まり等の権限は、市や町の地方自治体 (Local government unit, LGU) に帰属している。一方、商業的漁業は3トン以上の漁船を用いて、主に沿岸から15km以遠で操業する漁業で、その登録と許可の権限は農業省 (Department of Agriculture, DAE) にある。

　漁業者の大多数を占める沿岸漁業では、有用な水産資源の減少が続き、それと複雑に絡みあって存在する漁村の過剰人口と貧困問題がいまも解消されないでいる。これらの現象は、東南アジア各地の漁村で観察される事態であり、貧困の悪循環が資源利用の持続性を失わせる結果を招くことが往々にしてある。ただ、フィリピンの場合は大陸部東南アジア、同じ島嶼国家であるインドネシアと比べて、事態はより深刻である。島嶼部特有の経済圏の狭さ、就業機会の絶対的少なさによって、商品化が容易な水産資源に対しては、過剰な漁獲圧力がかかりやすい状況にある。また、違法漁業に対する取り締まりや資源の利用計画が、地方においては利害対立を生じさせやすく、漁業管理が地方政治の争点になることも珍しくない。

　登録や許可制度が存在していても、水産資源の利用は、オープン・アクセ

スに近い状態にあることが多い。沿岸域資源管理に関する様々な手法を導入し、監視体制の強化、MPA（Marine Protected Area, 海洋保護区）の設置、ゾーニングなど、地域主体の資源管理体制の確立に努めている地域も多いが、資源の減少や枯渇、沿岸域生態系の破壊といった現象が続いている。

2）輸出志向型水産業の展開と限界

養殖エビ、ツナ、ミルクフィッシュ、カニなどの魚種は重要な輸出品目である。しかし、輸出相手先の市場において強い競争力を維持しているわけではない。ブラックタイガー養殖が爆発的に増え、輸出量・金額とも増えた時期もあったが、病気や環境汚染によって斃死率が高くなり、エビ養殖業は経営的に成り立ちにくくなった。養殖業は再び粗放なミルクフィッシュへと回帰しているが、その国際競争力もそれほど強いとは言えない。一方、海藻養殖は有望な輸出産業としてその成長が期待されている。

フィリピンの水産業の国際競争力が弱い原因のひとつに、水産インフラストラクチャーの脆弱さがある[2]。東南アジアの他の国と比べて、フィリピンのこの分野に対する投資の遅れが目立つ。漁港などへの施設投資が他の国に比べて遅かったわけではないが、政治的混乱や経済危機が幾度もあって、EUやアメリカ向けなど高い規準が要求される施設の維持ができていないのが実情である。中国、タイ、ベトナム、インドネシアを中心に水産業及び食品産業のクラスターが発展し、原料供給や半製品の調達等について、その周辺国との間で密接な分業関係が成立しているが、フィリピンはその流れから外れている。日系の水産企業および食品関係の企業の進出は少ない。ただ、クラスターの拠点国に進出する場合と違って、新鮮な原料魚を買い付けて加工する産地立地型、資源立地型に重点をおいて企業進出を考えようとする海外企業は少なくない[3]。

フィリピンの水産加工業の全体を示す資料は得られていないが、塩干品、燻製品など在来型の加工業の比重がいまでも高いのは容易に想像される[4]。水産加工業が最も発展しているのは、ルソン島のマニラ周辺、ミンダナオ島

のゼネラル・サントス周辺、セブ島のセブ市周辺であろう。特に、ゼネラル・サントス周辺にはマグロ漁業および缶詰を中心とする関連産業が立地している。もちろん、主な島々には拠点となる漁港があり、その周囲には水産加工場を含む水産関連産業が発展しているが、歴史的に水産物流通市場圏が狭い島内に限られていたこともあって、零細な規模の加工場が多い。また、地理的な制約から原料確保も製品輸出も海上輸送に限られるため、大規模な加工産地や企業が発展する余地はそれほど大きくはなかった。

　ちなみに、2章で述べた EU・HACCP に対応している企業は、フィリピンでは全国に 44 か所 (工場) あるに過ぎない (2013 年当時)。ベトナム、タイ、インドネシアと比べて、その数が極端に少ないのがわかる。フィリピンの水産加工業は、ツナ缶詰を除いて、東南アジア近隣諸国が戦略的に輸出志向型水産業の振興に努めているのとは対照的である。

3　日系水産加工企業の活動と特徴

1）日本向け輸出企業の活動とその特徴

　フィリピンで輸出できる魚種は限られているが、国内需要を上回る水揚げがある魚種は、ツナ、エビ、ミルクフィッシュ等である。その他の魚種については量的な制約もあって、大規模な加工業を成立させるまでにはいたっていない。中国、タイ、ベトナムのように、自国資源の利用にとどまらず、世界中から原料を集めて再輸出する規模の大きな加工業として発展していく余地はあまりないであろう。かつて、世界の水産物輸入市場で3割のシェアを占めた日本市場向けの輸出が多く、ツナ・エビ類の生鮮・冷凍品輸出が中心であった。日本人による水産関連産業への投資や起業化はもちろんあったが、大手水産企業による投資はそれほど活発ではない。また、日系の大手商社の目立った活動もあまりない。

　そうした状況下にあって、長年にわたり日本向け輸出を手がけてきたA社の事例を紹介し、フィリピン水産業が日本市場に向けてどのような加工・販売戦略をとってきたか、検討してみよう。

2）日本向け水産食品製造業：A社の事例
（1）A社の概要
　A社は日本向け水産物輸出を手がけている日系現地企業であるが、スシネタや天ぷら材料をはじめとした高次加工、付加価値の高い商品開発を手がけている。中国、タイ、ベトナムの企業のように海外原料に依存した再輸出型ではなく、あくまでも産地原料に依存した事業展開をはかっている。
　A社が設立されたのは1960年代後半、当初はマグロ漁船の操業と冷凍マグロをアメリカに輸出する業務を中心にしていた。日本人技術者を招聘して技術移転を図ったが、自社で育てた人材が他社に引き抜かれるという繰り返しであったという。山下東子によれば、フィリピンはアメリカのマグロ産業の投資移転先になった国であり、1960年代には経済の輸入代替化政策をテコに経済成長が続いていたこともあって、水産缶詰産業が本格的に発展をした時期である[5]。しかし、1972年のオイル・ショックによって事業環境が悪化したために、A社はマグロ関連事業から撤退した。
　その後、A社はエビの加工輸出を手がけたが、1980年代にはすでにその事業規模を縮小した。それは、フィリピンを始め東南アジアにおいてエビ養殖が急速な勢いで生産を伸ばし、エビの市場流通の中心が海産から養殖に移っていったことと関係している。日本市場において養殖エビのシェアが増すにつれて、フィリピンでエビを扱うメリットが無くなった、とのことである。実際、日本の水産物市場においてフィリピンのエビのシェアはきわめて低い。当時は、タイ、インドネシアがフィリピンを一歩リードしていたが、2012年時点では、ベトナム、インドネシア、タイ、インド、中国などの主要国が約7割を占めている。フィリピンの日本向けエビ輸出量は3,479トン、日本における市場シェアはわずか1.7％にすぎない[6]。同国は東南アジア地域でも比較的早くに養殖エビ生産に取り組んだが、その成果は今日まであまり引き継がれていない。ミルクフィッシュの養殖生産は盛んだが、エビ養殖は他国ほど大きな産業として発展していない。A社の発展過程にはそうした

事情が色濃く反映している。

(2) 資源立地型の工場配置と業務体制

　10年以上前から、A社の事業活動は日本向けのスシネタや天ぷら商材を中心にしている。A社の方針は、フィリピンで調達が可能な原魚をもちいること、現地の市場需要と競合しない魚種を対象にすること、資源立地型の加工場を運営すること、などである。2008年当時、マニラの他、パナイ島、ネグロス島、ミンダナオ島など5工場を操業していた。当時の従業員数はあわせて約1000人であった。マニラに本社を置き、工場では調整や包装を行っている。原魚に季節性があるために工場を分散させてある。2010年の調査時点では4カ所での操業であった。マニラにある本社が製品企画・開発を行い、販売を担当している。

　工場を分散して配置してあるのは、輸送条件の悪さと関係している。今日では、フェリーと島内のトラック輸送を一体化させた輸送体系（地元ではRo.Ro.と呼ばれる）が以前に比べて発展しているが、原料をマニラの工場まで輸送してくるとコスト高になる。さらに、日本向け輸出にほぼ特化しているA社は、その品質を維持するために、自社で冷凍・冷蔵車を保有して地方にある工場からマニラへと輸送する体制を整えてきた。フィリピンでは、専門の輸送業者に魚の運搬を信頼して任せられないと判断していた。そのため、原料魚の下処理から最終製品に近いところまでを各地の工場で行う体制を取っている。原料立地型の工場配置にすることで、製品の鮮度と品質が保てる。また、地方はマニラに比べて従業員の賃金水準が低く、労働者も確保しやすい。半製品ないしは最終製品として搬出することによって、輸送コストを押さえることができる。

　工場が分散する場合、規模の経済性が働きにくいのは当然だが、品質の統一が難しくなることも考えられる。この点について、A社はフィリピンの国民の多くが英語を理解し読める能力を持っているのをメリットと考えている。日本の水産加工企業が、他の東南アジア諸国に進出する場合、現地語のマニュアルを準備しなければならない。しかし、フィリピンでは、英語だけで対応

できるため、このコスト削減効果は大きいと言う。また、工場が分散していても英語マニュアルによって品質統一は難しくないとA社は考えている。

後に詳しく述べるが、パナイ島北部のB町にある工場の場合、スシタネや天ぷら材料の加工を担当し、その完成品をマニラ工場に移送している。一方、マニラ工場では、同じイカ製品でも高次加工品を製造し、地方の工場から送られてくる製品の包装などの最終工程を担当している。マニラ工場には保管用の冷凍庫が設置されており、そこには自家発電施設も備えてある。フィリピンの場合、インフラの整備状況がよくなく、マニラの場合でもそれを考慮した工場設備が要求されるとのことであった（2010年当時）。

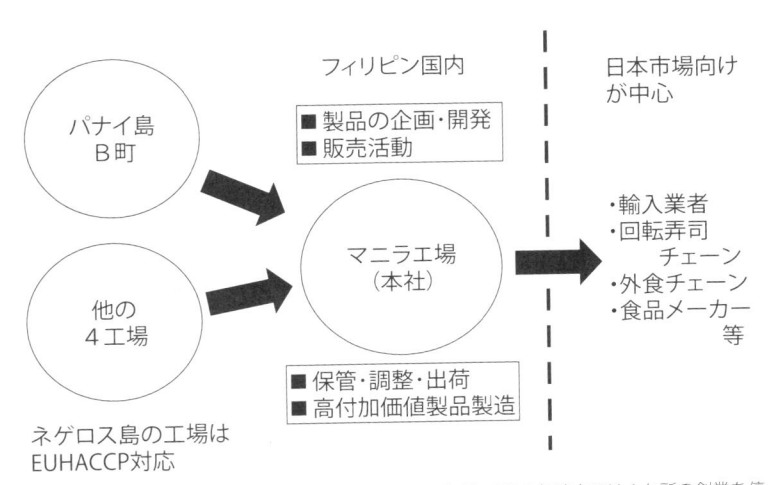

注：2008年時点でA社は全国に5工場を所有していたが、2010年時点では1か所の創業を停止していた。

図5－1　A社の操業体制と輸出相手先

（3）Ａ社の企業方針と主な製品

　Ａ社の工場の操業の特徴は、１）日本向けを中心にした鮮度重視の加工を施す、２）日本市場の刺身やスシネタの細かなニーズ（業務用および消費者）に応える、３）工場施設・運送手段等はできるだけ自己で所有する、等である。

　Ａ社では、原料を海外に依存して加工業を営んでいないが、それはフィリピンでは投資奨励地区に進出して海外原料を輸入して加工再輸出するという食品製造業があまり発展していないためである。水産業以外の輸出企業であっても、原料立地型の加工業を志向する傾向が強く、輸入に依存した加工貿易型の輸出奨励があまり機能していないのである。JETRO（日本貿易振興機構）のフィリピン事務所によると[7]、同国は他の東南アジア諸国とほぼ同水準の投資条件を整えている。しかし、現実には投資は進まず、保税区加工型のような輸出志向の食料産業が発展していく可能性もあまりなかった。Ａ社に対しても、海外原料を輸入して加工しないかという誘いがあったが、同社は、生産規模を大きくして中国、タイ、ベトナムの企業などと競争することはできないと判断して、地元原料に依存する道を選択している。

　このような経営方針は、フィリピン水産業および輸出奨励産業の現状を見る限り妥当である。

　Ａ社が扱っている魚種は多く、アオリイカ、ヤリイカ、キス（アソホスと呼ばれる魚種）、ハゼ、コチ、サヨリ、アケガイ、エビ（ホワイト、ピンク、フラワー）、タイラゲ（スカロップ）、スアウィ（ダリノアン）、シラス等である。季節により扱う魚種は変わり、また、年による変動もある。最も重要な魚種は、アオリイカ、ヤリイカ、キス、サヨリなどである。

　Ａ社は、上記のような原料を用いて、刺身や天ぷら用の商材を加工し、付加価値の高い冷凍食品も生産している。なお、パナイ島のＢ町にある工場では、水産加工に加えて、果物の加工も手掛けている。これは、水産加工の原料魚を確保できにくい時期があり、雨季と乾季によって操業度に著しい差が生じるのを補うためである。

　以前、Ａ社が原料・半製品の輸出を中心にしていた時期には、輸出は日本

に加え、アメリカやヨーロッパ向けもあった。しかし、2000年頃からは市場価格の比較的高い製品に切り替え、日本向け輸出を中心にしている。ただ、付加価値率を高めると生産費が上昇するため、刺身、スシネタ、フィーレを中心にしている。A社は、フィリピン国内で調達できる原料で比較優位性を発揮しやすいものを扱い、他の対日輸出国との競合をできるだけ避けるという方針をとっている。エビ類の扱いが少ないのはそのためだと思われる。A社が、優位性があると考える魚種は、イカ類、キス、サヨリといった魚である。原料の質をいかした丁寧な製品作りを心がけている。

2008年1月に発生した「毒ギョウザ事件」をきっかけにして、A社をめぐる環境は大きく変わった。特に、中国で大規模に処理・加工していた刺身商材の日本向けの注文の一部が、A社に回ってきたとのことで、資源立地型の水産加工業が見直されてきたというようにA社の経営者のCさんは捉えた。

3）A社のパナイ島B町の工場

パナイ島北東部のビサヤン海に面したB町には、日産5トンの生産能力（製品換算）を持つA社の工場がある。この工場は1987年に操業を開始したもので、1機あたり1トン弱の容量をもつ冷凍機が3台、冷凍庫が3台ある（2010年当時）。

主な加工品は、ヤリイカ、タロイカ、アジ、サヨリ、キス、カニなどを、刺身、スシや天ぷらの種、フィーレに加工している。工場は加工過程に特化しており、販売機能はマニラにある本社が担う。同工場は確保できる原料の季節変動にあわせて、少量多品種の生産体制を敷いている。A社がB町に工場を構えたのは、ここにフィリピンでも数少ないシラスの好漁場があり、"lobo-lobo"（native anchovy）というシラスが水揚げされていたからである。A社の工場があるパナイ島のギマラス海峡側では、シンソロ (Sinsoro; purse seine の一種として分類されている) と呼ばれるまき網漁船がシラスを漁獲している[8]。

（1）シラスの集荷過程

A社の近くには、B町が管理する小さな港と取引所があり、多くの小型漁船が集まってくる。また、パナイ島の中心地であるイロイロ市からB町にいたる湾岸には漁村が多数点在し、エスタンシア町やバナテ町のように規模の大きな漁港及び産地市場もある。

写真5-1 B町の水揚げ場での取引の光景

A社は運搬船を用いて、シンソロ漁船からシラスを沖買いしていた。同社の他に、台湾系企業も同様にシラス加工を手がけるところがあり、買い付け競争が激しくなっていた。シンソロが沖合で操業している際には、船上で買い付けのための入札が行われる。買い付けた後はただちに氷を入れて運搬船で加工場に運ぶ。ただ、2008年の時点では、1社が代表してシラスを買付け、それを5隻の買付船で分けるような形になっていた。日本向けシラスは、その鮮度維持が大切なことから、A社のマネージャーは漁船主や漁民に対して、鮮度管理についての必要な情報を提供していた。

ところが、2010年2月の調査では、A社によるシラスの集荷と加工が中止されていた。いわゆる「買い負け」の結果であった。以前はシラス原料の取引で、買付業者間に協調関係がみられたが、2010年には日本の市場価格ではシラス原料を調達し、加工・選別することができなくなった、という。

(2) 加工魚種の多様化と集荷過程

B工場が魚種の多様化をはかり始めたのは1994年頃、それ以降は様々な魚種を買い付けてきた。そのため、B工場の集荷チャネルも広がり、周辺の

主要水揚げ港はもとより、パナイ島南部にある大きな集散地であるバナテ町、さらにはネグロス島からも原料魚を買い付けている。B町からの集荷割合はしだいに小さくなっている。A社は、ひとつの地域では一業者から買い付けるようにしている（2008年調査時点では6業者との取引があった）。漁民から買い付けることはあるが、前貸し金を渡して集荷することはしない。地域の有力な集荷業者を介したほうが希望する原料が集まりやすい。安定した取引関係を集荷業者との間で維持するために現金決済をしている。

多種類の魚種を扱う工場の原料集荷のチャネルは実際には複雑である。対日輸出のスシネタが中心になることから、出荷業者に社員を出張させて品質をチェックさせ、高品質なものをプレミアム価格で買い付けることもある。魚種や季節に応じて様々な地域に集荷ルートを確保している。

図5-2は、バナテの卸売業者（現地では「パラパラ」と呼ばれる）がB町の工場に原料魚を出荷していたが、それをもとに描いた図である。ここで扱う魚種はイカ、キス、サヨリなどであった。A社およびバナテの卸売業者

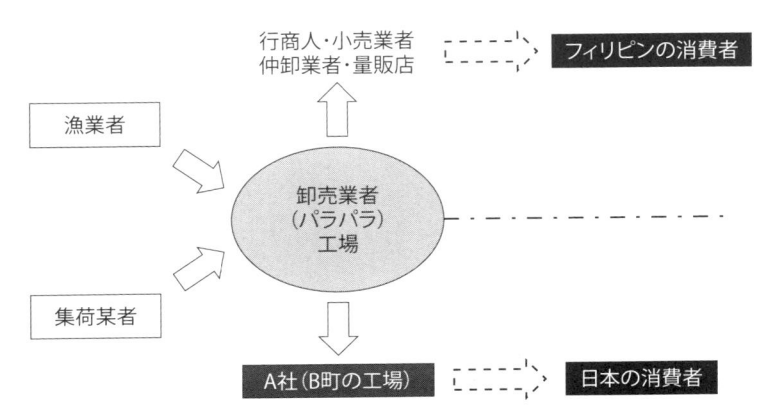

注：バナテ町での聞き取り調査により作成。

図5−2　パナイ島バナテ町からA社への原料魚の流れ

からの聞き取りから判断すると、A社から対日輸出されるスシネタのフードチェーンは比較的単純である（日本国内の流通過程は除く）。これは、中国やタイのように海外原料に依存している加工企業とは相当に違う。また、国内原料に広く依存する加工企業とも違う展開をはかっている。

なお、A社のB町工場では、シラスばかりでなく原料調達ではかなり苦労している模様である。NEDAによると[9]、A社の同工場は、2005年には1月当たり50－60トンのイカを加工し、1000-2000箱のシラスを加工していた。しかし、翌年の1－6月の間、イカは月平均2トン、シラスは200箱まで生産量が落ち込んだ。平均すると70％近く生産量が落ち込むという事態になったと報告している。B工場では、以前から原料集荷が安定しないというのが大きな問題であったことは容易に想像される。

(3) 加工過程と従業員

工場の従業員数は季節によって変わるが、2008年8月時点では正規の従業員が187人、最盛期には非常勤を含めて約400人が働いていた。それが、2010年2月時点では、正規の従業員は169人と多少減った程度だが、非常勤を減らしていた。これは、集荷量が大幅に減り、シラス加工を停止したことによるものと思われる。最盛期では正規・非正規あわせて約350人であった。

従業員の賃金は1日8時間で250ペソが平均である（2010年当時）。この地域の法定最低賃金は235ペソであったが、それに15ペソ上乗せしていた。時間賃金で計算し、残業は時間給の25％割り増しとなる。賃金は個人による歩合ではなく、グループ単位に設定してあるのが特徴である。

従業員は工場周辺に居住するものが多く、正規の従業員は長年にわたって同社に勤務しているため、技術の習熟度は高い。最盛期には2交代制をとるが、基本的には1日8時間の就業である。原料の搬入は午前1～2時頃から7～8時頃まで、加工作業が始まるのは午前7時である。

B町周辺には台湾系資本の工場が4社あったが、そこで働くマネージャーや従業員の多くが、かつてA社の職員として働き、技術を習得したと言われ

る。台湾向け輸出を目的に設立された企業であるが、製品の種類や形態がＡ社のものと似ているとのことである。工場担当者によると、Ａ社が刺身やスシネタ加工の先駆であり、他の台湾系の工場がそれに続いたとのことであった。

（４）Ｂ町工場をめぐる環境変化

Ａ社は製品の最終工程までを各地の工場で行うという方針を掲げ、資源立地型の水産加工のメリットを活かそうと努めてきた。実際、それはＡ社の集

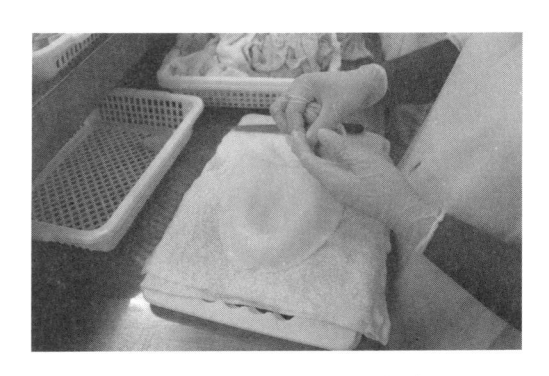

写真５－２　イカのヌメリを丁寧に処理

写真５－３　多種類の魚種が処理される

荷ネットワークの丁寧な維持と品質管理にみることができる。しかし、資源立地型の加工業は、当然のことながら、原料集荷の如何に大きく左右される。B町の工場が直面しているのは、フィリピン各地の沿岸漁業が抱える構造問題の一端に他ならない。何よりも、必要な資源が過剰に漁獲されてきた結果、工場周辺地域だけでは十分な量を確保しにくくなっている。対日輸出向けの原料魚には品質やサイズに制約が多いことから、工場の操業は利用対象資源の動向に直接に左右されやすい。シラスの集荷と加工停止はそのことを示している。現地の集荷担当者は、台湾企業との間の集荷競争が激しくなっていることに加え、かつて現地であまり消費されなかったサヨリ（Bigiu, 現地名）、アケガイなどに対する消費需要が高まっていることも、原料が不足する原因だと指摘した。これは、A社が目指してきたフィリピンでの国内需要ができるだけ少ない魚種を選んで製品化するという方針を維持するのが容易ではなくなっていることを意味する。また、環境変動等の影響があって、利用対象魚種の漁獲時期に変化があり、水揚げ地も移動している。

　B町の加工場が操業率を維持するために最も効果をあげたのは、日本で人気の高い果物の冷凍加工であった。

4）A社の活動の特徴
（1）販売チャネルの特徴

　A社では、対日輸出を軸に販売活動を行っているが、中国やタイに進出した日系企業のように大量生産体制をとっているわけではない。A社の製品は、日本側の輸入商社を介して問屋経由で回転寿司、和食、惣菜のそれぞれのチェーンに販売されているが、量販店の販売チャネルに通じる比重は高くない。これがA社の販売チャネルの特徴だとみてよい。場合によっては問屋と直接に取引することもある。

　A社の企業活動をみると、フィリピンにおける対日輸出を行う水産食品製造業をとりまく状況の一端がわかる。中国やタイのように、高次加工を施すにもかかわらず安価な製品を定時に大量に供給する体制がフィリピンでは取

りにくい。また、インドネシアのように、豊富な原料集荷を背景にして比較的低次な加工である冷凍水産物を大量に輸出するのとも異なる。原料にこだわったスシネタ、刺身商材などの製品の生産販売に対するＡ社の意欲は強い。

（２）生産コストの不利性

　Ａ社の場合、４工場（2010年調査時点）からマニラに製品を集めて輸出しているが、国際運賃に比べて内国運送費がきわめて高い。パナイ島のＢ町からマニラまではトラックとフェリーで10数時間を要する。また、フィリピンには輸出向けの必要資材を扱う企業の集積が弱い。例えば、日本人の嗜好にあったパン粉、流通に必要な包装用トレイなどの調達が国内では容易ではない。

　日系の食品関連産業の進出があまりないために、企業間の分業関係にもとづいたコスト・ダウンが働きにくい環境にある。同じ東アジアにあっても他のクラスター拠点国では、企業間取引の拡大によって、水産食品加工が大量生産と高次加工に対応できるのに対し、フィリピンではそれがあまり期待できない。

（３）不利性を克服するための資源立地型

　Ａ社は、資源立地型の加工業をこれまで追求し、新鮮な原料魚を使うということでは優位性を発揮してきた。しかし、原料を海面漁獲漁業に依存することから、少量多品種生産にならざるを得なかった。一箇所で大量の原料を調達するのが困難であるため、工場を分散立地して日本市場における販売力を維持してきた。そうした販売戦略が評価されて、中国で発生した毒ギョウザ事件を契機に、Ａ社には新規のバイヤーが訪れるようになった。

　しかし、工場が立地している周辺の漁獲漁業が資源の減少や枯渇に直面すると、その影響を受けやすい。また、島嶼国家であるフィリピンは、タイのように、原料魚の調達ネットワークを資源変動にあわせて拡張していくことはそう容易くはない。Ａ社の資源立地型は、販売戦略上は強みではあるが、

同時に、原料調達で不安定になりやすいという弱みでもある。

4 おわりに

　フィリピンの水産業の競争力は、ツナ類の漁獲・加工を除いてそれほど高くはない。特に、海面漁獲漁業を基盤にした水産加工業は、原料調達が安定しないために、国際競争力をなかなか発揮できないでいる。タイの水産加工業の場合、当初は、輸出対応できる資源立地型の加工業が発達し、やがて周辺部に原料を求めていくという経過をたどった。タイでは海岸線が長く、しかも漁港・水揚げ港が点在していたこと、さらに道路網を中心とする社会インフラ基盤の整備が進んだことから、サムット・サコン周辺などの特定地域に工場が集中していった。これに対して、フィリピンでは島しょという地理的条件に加えて、道路網を中心とする物流環境の整備が遅れたために、マニラ、ジェネラル・サントスなどを除いて、比較的規模の大きな漁港周辺に工場が集中するということはなかった。輸出産業として規模の経済が働きにくく、原料を安定的に調達しにくいという弱点を抱えたままであった。また、エビ養殖業の発展が十分でなかった点も見逃せない。

　フィリピンの水産物輸出には他の東南アジア諸国でみられるような、多角化現象はあまりみられない。これは、フィリピンの水産物輸出の「停滞性」とみることもできる。今後もツナ類を中心に輸出貿易がなされるであろう。もちろん、中国の消費市場が巨大化するなかで、活魚、鮮魚などは輸出が増えていくと思われる。高次加工品の輸出は増えないにしても、自然条件をいかした養殖、活魚輸出には可能性がある。また、ツナ類では漁獲に特化した産業編成が行われている。これは、タイやインドネシアを拠点とした分業関係の深化と捉えることができる。

謝辞
　本稿をまとめるにあたり、A社の会長、社長、およびB町の工場長には大変お世話になった。会社概要を詳しく教えていただくとともに、フィリピン

の水産業が抱える構造的な問題についても様々な点をご教示いただいた。本文中に会社名を明記しなかったため、お名前をここで記すことはしないが、深謝したい。日本向け輸出の難しさを意識しながら、フィリピン水産業がもつ優位性をいかに発揮するかに腐心してこられたＡ社の方々の努力は、同国のこれからの水産業のあり方を考える上で大変に参考になると思われる。今後のＡ社のますますのご発展を願ってやまない。なお、本稿のもとになった資料・調査の一部は、文部科学省科学研究費補助金基盤研究（Ｂ）海外学術「東アジア水産業の競争構造と分業のダイナミズムに関する研究」（研究代表者：山尾政博、課題番号：21405026）に基づくものである。記して感謝したい。

参考文献

山尾政博 2008「フィリピン」『世界の水産物需給動向が及ぼす我が国水産業への影響（上巻）』、東京水産振興会

山尾政博 2013「インドネシア水産加工業の動向に関する調査報告」、http://www.home.hiroshima-u.ac.jp/~yamao/syokumotu.html

山下東子 2008『東南アジアのマグロ関連産業』、鳳書房

JETRO 2010 『アグロトレードハンドブック（2011年版）』、p.363

JICA 2003「漁港建設事業(II)」
http://www.jica.go.jp/activities/evaluation/oda_loan/.../project19_full.pd)

Neda 2006 http://www.neda-rdc6.ph/downloads/QRES/2006_Q1.pdf

SEAFDEC 2003 *Fishing Gear and Methods in Southeast Asia: III. Philippines Part 1*,SEAFDEC pp.42-43

---

[1] 以下のURLに拙稿「インドネシア水産加工業の動向に関する調査報告」を掲載している。http://www.home.hiroshima-u.ac.jp/~yamao/syokumotu.html

[2] フィリピン水産振興機構（Philippines Fisheries Development Authority, PFDA）は全国に8か所の漁港・市場施設を所有・管理しているが、どこも老朽化がひどいとされる。

[3] 山尾（2008）

[4] 1999年の資料によると、全体で488工場が水産加工場として登録されていた。その内訳は、塩干品の工場が207か所、燻製品が177か所と両者をあわせると79％を占めていた。冷凍工場が15か所、缶詰工場が14か所、その他は75か所である。

5) 山下（2008）
6) JETRO（2011）JETRO p.363
7) 2010年2月聞き取り調査を実施。
8) SEAFDEC（2003）pp.42-43
9) 以下のURLを参照のこと。http://www.neda-rdc6.ph/downloads/QRES/2006_Q1.pdf
10) A社が置かれているような条件を反映してか、ここ数年、フィリピンに新規投資をしてくる食品製造業関係の日系企業はほとんどない、とJETROではみていた（2010年当時）。

第6章　日本の水産物輸出の新たな展開と課題
―愛媛県における養殖ブリ・マダイの事例―

天野通子

1　はじめに

　政府は、国内の疲弊した農林水産業再生の成長戦略の一つに輸出を位置づけ、輸出拡大にむけて補助事業を充実させてきた。そのなかで、経済成長が著しく、富裕層が増加すると期待される東アジア（中国、韓国、台湾、東南アジア諸国）が、販路拡大の重点地域に位置づけられている。各地方自治体や日本貿易振興機構（以下、ジェトロ）などは、政府からの支援をもとに、東アジア各国で盛んに展示会や商談会を開催し、輸出を目指す各企業は積極的にこれらに参加して販売先獲得を試みている。同時に、政府は輸出相手国が求める輸出制度の整備に対しても対応する努力をしてきた。

　政府、各地方自治体、ジェトロ、各企業などの関係者による積極的な活動を通じて、農林水産物輸出額は順調に増加し、2007年に5,000億円を突破した。水産物の輸出額は2,678億円で、農林水産物輸出額全体の約50％を占める。しかし、2008年のリーマン・ショックや2011年の東日本大震災の原発事故に伴う放射能汚染問題などが影響し、輸出額は伸び悩んでいる(2012年までの値による。)。

　水産物の輸出品目に注目すると、多獲性魚種と養殖魚が中心に輸出されている。中華圏向けの高級食材としての干しナマコやホタテ等を除けば、輸出される水産物の多くは、加工用である。これらは、凍結保存され、加工用として賃金の安い中国や東南アジアに輸出されている。近年は、国内需要が飽和状態となり生産過剰が深刻な問題となっている養殖ブリが世界各地に輸出

され、養殖マダイが韓国へ輸出されるようになった。背景には、東アジア地域で増加した富裕層や、健康志向が高まる欧米の日本食ブームによる需要の増加がある。

このように、水産物輸出は輸出額自体に伸び悩みは見られるものの、比較的高価格帯のものも輸出されるようになり、表面的には順調に進んでいるかのように見える。しかし、内実は様々な問題を抱えており、産地側における輸出事業の主体者である水産物加工流通企業や地方自治体は、多くの困難と向き合いながら模索を続けている。

本章では、養殖魚生産が盛んであり、輸出にも積極的に取り組んでいる愛媛県を事例に、養殖ブリ・マダイの輸出を行う企業活動および、これらを支援する行政の動きに焦点をあて、2つの企業事例を踏まえて水産物輸出の新たな展開と課題について検討する。

2　愛媛県内の水産物加工流通企業における輸出動向

1）　輸出志向型水産物加工に特化した産地加工流通企業の輸出
　　－A社の事例－

（1）輸出対応型加工場増加移設による国内外の販売量拡大

A社は、養殖魚を仕入れて加工し、国内および海外に向けて販売している。加工品としての出荷は、1991年から北海道市場向けにハマチフィーレを出荷したのが始まりである。当時はまだ北海道に新鮮なハマチが流通しておらず、輸送コスト削減のためにフィーレ加工を始めた。1999年から対米輸出に向けてHACCP取得を目指し、加工場の生産ラインを全面的に見直した[1]。2000年に大日本水産会のHACCPを取得し、同年、ブリフィーレの対米輸出を開始している。

A社は加工施設のHACCP化に伴い、作業工程の機械化を進めていたため、多額の投資資金を必要とした。その分、A社は国内外問わず販路を拡大し、販売額を増加させてきた。品質管理面において厳しい基準が設けられる輸出向け製品を製造しているため、国内業者からの信頼も高い。

近年の販売額は40億円台を維持し続けており、現在の輸出額は、販売額の約20％前後である。

(2) 販売の中心はブリ・ハマチのフィーレ

A社の加工場には、冷凍冷蔵庫、急速冷凍庫、マグロ用超冷温冷凍庫がある。加工はほぼ機械化されており、ヘッドカッター、うろこ取り機、内臓取り機、フィーレマシン、水洗い機などが設置されている。

A社が扱う魚種は、ブリ、ハマチ[2]、カンパチ、マダイ、シマアジ、スズキ、アトランティックサーモンである。原料の仕入れ先は、ブリ・ハマチ・カンパチは四国・九州産が中心で、愛媛県内のみで仕入れる魚は、マダイ、シマアジ、スズキである。サーモンはノルウェー産を利用しており、輸出を始めた2000年から取り扱っている。加工は、フィーレが最も多く、その他に、ロイン、セミドレス、ドレスが生産される。業務用向けにスライスも生産するが、あまり多くない[3]。

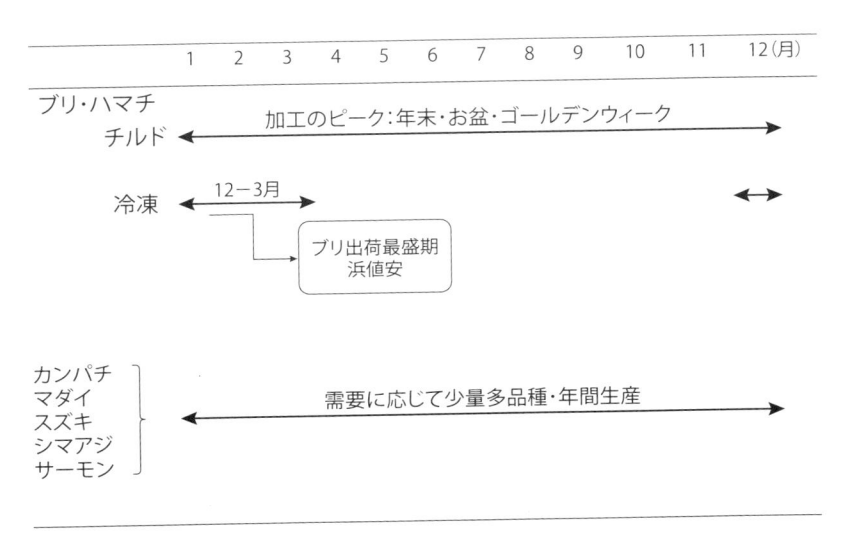

図6-1　A社の年間加工スケジュール

加工スケジュールは図 6-1 の通りである。各魚とも年間を通じて供給可能な養殖魚を利用しており、通年出荷が可能である。加工のピークは、年末（約 10 日間）、お盆、ゴールデンウィークである。

ブリ・ハマチの場合、12 〜 3 月は出荷が全国的に集中するため浜値が安い[4]。一方、夏場は浜値が高く販売利益があまりとれないため、産地のブリ・ハマチ加工流通企業は冬場を中心に利益を確保する。出荷最盛期のブリは、冬期で脂肪分が多く身質もいいため、一番安くて品質のいい時に大量に仕入れ、フィーレに加工して冷凍品にもしている。冷凍品は、在庫として置くと電気代などのコストがかかるとともに、在庫品として資金負担を抱える要因になるためなるべく早く売り切るようにしている。

A 社における売り上げのうち、約 8 割がブリ・ハマチ出荷で売上の中心はフィーレとなっている。主な販売先は全国の卸売市場、加工センターを持つ大手回転ずしや全国の大手量販店などである。その他には、ドレス、セミドレス、ロイン及びラウンド出荷を一部行っている。

（3）輸出額の中心を占める対米向けブリフィーレ

現在 A 社では、欧米、香港、シンガポール、中東などへ養殖ブリ（主に冷凍ブリフィーレ）を輸出している。アメリカには、各主要大都市に向けて、チルド商品と冷凍商品を輸出している。アメリカ国内には、和食食材を専門に扱う大手ディストリビューターが数社ある。A 社では、そのうち 1 社と取引し、現地ディストリビューターの子会社等を通じて各地の日本食レストランなどに流通させている。その他取引先には、小規模業者が数社存在する。10 〜 20 年前までは現地日本人が主な取引相手であったが、近年はアメリカ人業者が増えてきている。これまでブリの消費は、現地に暮らす日本人や日本人旅行者中心であったが、アメリカ人も徐々に消費し始めているようである。

輸出向けブリの仕入れサイズは、5kg 以上が中心である。特にアメリカ向けでは原魚サイズ 6kg 以上にもっとも需要があり、1 ケース 4 枚入フィーレの場合は原魚サイズ 8kg 以上が求められる。ブリ輸出は、もともと国内

で余った規格外品が輸出されていた。そのため、アメリカでは「ブリ＝大きくて脂の多い魚」というイメージが定着している。また、アメリカ向けだけでなく輸出用は、日本向けより大きいサイズに需要がある。

　アメリカまでの輸送ルートは、県内工場からトラック便で福岡まで運び、その後チルド商品と冷凍商品でルートが異なる。チルド商品は、航空便で福岡から韓国を経由し、アメリカの主要空港に届けられる。福岡から韓国の空港までは、旅客機の貨物室を利用し、韓国からはアメリカ主要空港行きの貨物便を利用する。冷凍商品は貨物船を利用し、福岡からアメリカの主要港に行く場合と、韓国を経由する場合がある。これらのルートは西日本から輸出する場合の一般的ルートだが、時期に応じてハブ空港、港を変更し、最も安いルートを選択する。アメリカまでは、チルド商品の場合は出荷から2〜3日後、冷凍品は1〜2ヶ月後に到着する。

　A社および関係各社の話によると、近年、アメリカ市場で冷凍ブリフィーレの供給量が飽和状態にあるといわれている。冷凍保存されて賞味期限の近づいた商品が、現地のディストリビューターによって、低価格で流通されるケースも見られるようになった。このことは、日本のブリがアメリカ人富裕層だけでなく中間層にも拡がり、新たな需要につながる可能性がある。

　一方で、現地の一般向け日本食レストランでは、衛生管理が行き届いていない所もあるため、誤って腐った日本産ブリを提供するリスクもある。アメリカ向け冷凍ぶりフィーレは、現地ディストリビューターの要望により、一般的に魚の身が変色しないようCO処理が行われている。つまり、料理提供者が冷凍ぶりフィーレを解凍後、商品の扱いが悪いせいで魚の品質が落ちても変色しないため、腐っていることに気付きにくいのである。

　A社は、食品安全面への危惧や薄利多売の流通構造に変化していくこと、及びA社や各日本企業が、これまで築き上げてきた日本産の高品質・安全・安心イメージに傷がついてしまうかもしれないという危機感を感じている。

2） 活魚輸出型水産物総合商社の輸出－B社の事例－
（1）活魚貿易を中心とした水産総合商社

B社は活魚運搬船を利用した輸送業を中心に、活魚輸送や種苗の斡旋等からスタートした。主要事業は魚介類、種苗、飼料などの輸入・販売と国内の水産物を海外に輸出する貿易事業である。

種苗輸入事業では、主に中国南部でスズキ、トラフグ、アコヤ貝、ヒラマサ、カンパチ等の天然種苗を採取し、中間育成された種苗を輸入し、国内の生産者に販売している。2002年には、モイストペレット工場を開設、同年、動物用医薬品一般販売許可を取得し、えさ、動物薬の販売が可能となった。

1995年からは韓国との貿易を始めている。2000年代からは、韓国に向けて活魚車での長距離輸送を行い、活魚運搬船を利用した輸出を拡大している。

また、貿易業務を軸に、冷蔵業務や輸入したフグの加工なども行っている。1998年に加工場を開設しフグ加工品等の生産、出荷を開始した。2011年にHACCPを取得し、北米・アジアに向けたブリ加工品の輸出を開始している。

（2）水産物加工場の概要

B社が加工する魚種は、主にふぐ、ブリ、ハモ、ウルメである。加工処理は手作業で行っている。現在は加工数量が多くなく手作業で十分だが、作業量が増加したら機械化する考えである。設備投資後の維持費が負担になるため、先行投資は行わないという経営判断である。

加工品を始めたきっかけは、B社が輸入した養殖水産物の売り先が見つからず、加工して販売する必要があったためである。海外で養殖された魚は、生育環境が日本と違うため、魚体の見た目が国内産と異なり買い手がつかなかった。加えて、フグの加工などメジャーでない分野であれば、規模が小さくとも競争力を持てると判断した。現在は、海外市場向けのブリ加工にも力を入れている。

B社は急速冷凍や冷凍保管可能な施設も保有している。これまでの保管内容は、えさ用の魚が100％であったが、現在は食品用を増やした。これか

らは、地球の裏側の国も売り先として考えており、冷凍品の製造を増やす考えである。また、これまでB社の水産物加工品は海外輸出が中心であったが、国内向けも増やしていきたいという意向がある。

加工スケジュールは図6-2の通りである。ブリ加工は11月～3月いっぱいまで、フグ加工は9月～2月いっぱいまで、工場が空く4月から8月いっぱいの間はハモ・ウルメを加工している。

原料のブリは、主に九州から仕入れている。理由は、九州の産地は5kg以上サイズが多いためである。愛媛県内でブリ・ハマチが生産される宇和海海域は、九州より水温が低く大型のブリを育成するには育成時間とコストがかかる。そのため、関東や関西などの大規模市場圏が九州より近いという立地性と産地加工流通企業が地域に存在し国内市場への販売力があることを背景に、愛媛産は国内向けのサイズが中心となり、5kg以上のブリは少ない[6]。B社では大型ブリが生産できる九州産の原料を11月から仕入れ、愛媛産は1～2月の遅い時期から仕入れている。加工度は要望に応じて行い、ロイン

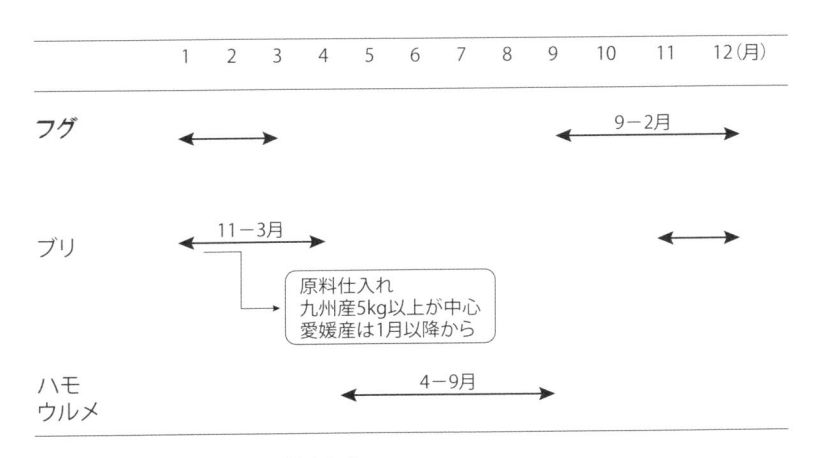

図6-2　B社の年間加工スケジュール

資料：B社への聞き取り調査より筆者作成

まで生産している。

　加工品の販売先は主に海外である。北米、南米、東南アジア、香港、中国に輸出している。出荷する製品は、主に冷凍ブリフィーレである。将来は、ロシア、EUへも出荷したいと考えている。

（3）B社の輸出状況
韓国向け

　愛媛県の産地加工流通企業は、これまで韓国に向けてマダイ活魚を継続的に輸出してきた。最盛期の2008年は日本から韓国へ6千トン弱が輸出され、その内約9割が愛媛県から輸出されている。B社は、独自に海外渡航可能な活魚船を数隻保有し、活魚貿易を行ってきた。日本からの輸出だけでなく韓国から輸入も行うのは、輸送コストを下げて輸出競争力をつけるためである。B社では、行きは日本からマダイ、ホタテ、カニ、イシダイを活魚で送り、帰りは韓国からヒラメ、アワビ、ハモ等を活魚で持ち帰る[7]。

　韓国向けマダイの出荷サイズは、2kg以上の大きいものが求められる。韓国には刺身を食べる食文化があり、刺身は高級品として外食需要がある。また、韓国国内は、海水温の関係で大きいマダイが育ちにくく、大型を求める外食需要を十分に満たせない環境にある。そのため、円安・ウォン高の為替レートになると日本産の輸出競争力が増し、輸出が活発化する[8]。

　リーマン・ショック以降、韓国国内消費の低迷や円高ウォン安を受けて輸出量が減少している。加えて、東日本大震災を境に、韓国消費者は、放射能汚染を懸念しており日本産水産物だけでなく自国産の水産物に対しても抵抗感を示し、水産物消費量が2~3割減少している[9]。この中で、日本産水産物の売れ行きは以前より減少したと言われる。しかし、愛媛県産のマダイの販売額は、東日本大震災前後で極端に下がることはなかったようである[10]。

香港向け

　B社では香港に向けて航空便を利用して鮮魚などを輸出している。愛媛から香港市場に流通するまでは約1～2日必要である。本社工場を17：00～

18：00に出荷、翌日朝の便で出航し、その日の昼から夕方に到着する。その後、取引先に渡り、早い時にはその日の夕方、遅くとも翌々日にはレストランなどのエンドユーザーに届けられる。代金決済は、前金またはL/Cを利用し、貿易保険をかけて行う。

　航空便のメリットは、輸送時間が短いため鮮魚出荷ができる所にある。しかし、現在のところ航空便を使うメリットは生かされていない。香港を中心とした中華圏におけるブリなど日本の魚市場は小さく、カーゴ便で一定ロットの鮮魚をひとまとめにして送ることができないためである。また、香港にはブローカー的な比較的小規模な輸入企業が多いため、個別の取引単位は小さいものが多いのも理由の一つである。B社はブリがマグロのように、カーゴ便で大量輸送ができるほどの国際商材になれば、輸送コストが減り航空便を利用するメリットが生かせると考えている。

　香港は経済水準が高く、富裕層が多いため高価格帯のものが輸出でき、日本国内で販売するよりもうけが出るのではないか、と考える人がいるかもしれない。しかし、香港で流通する時の価格は、実は、B社の出荷価格とあまりかわらない。そのため、わずかな販売利益を確実に確保するためには、輸送運賃が比較的安い主要ルートを利用し、輸送コストを低く抑えるしかない。

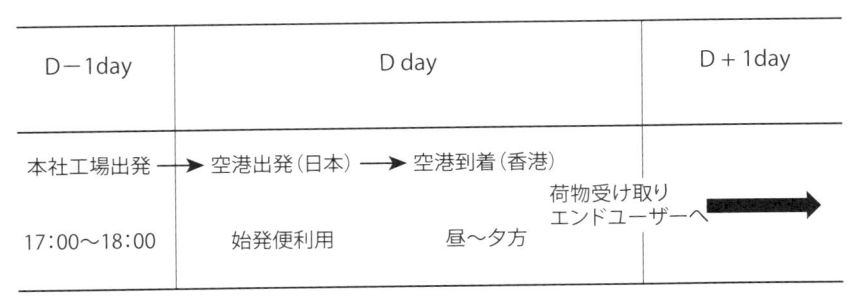

D−1day	D day	D＋1day
本社工場出発　→ 17:00〜18:00	空港出発(日本)　→　空港到着(香港) 始発便利用　　　　　昼〜夕方	荷物受け取り エンドユーザーへ　→

資料：B社への筆者聞き取り調査より作成

図6−3　愛媛から香港までのリードタイム

香港では、貿易商社を経由して、中国本土やシンガポールなどに商品が流れている。そのため、B社では中華圏への輸出は、中国、香港、シンガポールといった華僑ネットワークで結ばれた経済圏として捉えて、貿易、流通を考えているようである。

3　行政による支援策の動き

1）輸出の位置づけ

行政の立場による輸出目的の一つは、海外に出荷先を広げることで国内の需給を調整し、価格を安定化させ、養殖マダイ・ブリの供給過剰状態を解消することにある。現在、愛媛県の養殖マダイ生産量が約35,000トン、養殖ブリ・ハマチ生産量が約25,000トンである。

養殖マダイに関しては、天然水揚げ量の幅が少ないので、養殖生産量の約1％が輸出されれば価格が高値で安定する[11]。2012年度の韓国出荷は、約1,300トン（宇和島税関）、11億円であった（韓国向けのマダイ輸出の79％が愛媛産）。その年のマダイの浜値は800～850円/kgで大幅な価格下落にはならなかった。ブリは、近年天然水揚げ量が増加傾向にあり一定ではないので、輸出が需給調整機能を果たせる出荷量を試算しにくいが、輸出量が増えれば浜値が現状より高値で安定するのではないかと考えている。

2）輸出体制の効率化に向けた行政の取組み

水産物を輸出する企業にとって重荷となってきたのが、食品の安全基準に関する検査や各種証明書の取得である。2013年9月時点で、愛媛県から輸出する際に必要とされる書類は表6-1の通りである。東日本大震災以降、国内出荷では求められていない放射能検査や産地証明書等が必要になった。愛媛県では、産地の関係企業から貿易相手国の輸入制度変更に関する情報を事前に入手し、いち早く放射能検査機械の導入や証明書発行体制の準備を進めた。現在、証明書を発行できる都道府県は16に限られている（2013年8月現在）。愛媛県は、農林水産部水産局漁政課を窓口として、シンガポール、

表6-1　愛媛県から水産物を輸出する際に必要な証明書

	放射能検査合格証明書	産地証明書	備　考
中国	○	○	衛生証明書を含めた3点が必要 全て原本
韓国	○	○	放射能と産地証明書は一体になったもの (活魚マダイの添付書類) 目視検査証明書 VHS検査証明（自主的）
シンガポール		○	
台湾		○	商工会議所発行
香港			なし
アメリカ			フィーレ等水産加工品は、加工施設が対米HACCPとの同等性を厚生労働省によって認められる必要がある。

注：筆者聞取り時点での内容のため、最新の情報は水産庁HPを確認のこと。また、上記の表は愛媛県に関する内容であり、福島県等輸出規制がかけられている地域の内容は、紙面の制約上省くこととした。
資料：2013年9月に行った聞き取り調査より筆者作成

韓国、マレーシア、タイ、中国等の証明書が発行可能である。

(1) 衛生証明書の取得とモニタリング検査

　中国向けに必要な衛生証明書に関しては、これまで証明書の取得に手間がかかっていた。放射能検査合格証明書と産地証明書は県の窓口で発行できるが、衛生証明書は厚生労働省によって認可された4つの登録機関のみが窓口になっているためである[1, 2]。衛生証明書の取得には、①登録機関を通じて最終加工施設または最終保管施設の認可を中国政府から受ける、②登録機関から輸出ごとに官能検査を受けたうえで、登録機関に証明書の発行申請を行う必要がある。ただし、②に関しては対EU及び対米輸出水産食品取扱い認定を受けているか、品質確認者（食品衛生責任者の資格を有するなどの食品衛生の知識を持つもの）を選任すれば、省略できる。ただし、輸出者は登録機関による官能検査を年に1回以上行い、検査基準を満たしていることを確認しなければならない。愛媛県の業者の場合、②の条件は満たしている

ため輸出ごとの官能検査は省略できる。しかし、県内に登録検査機関がないため年1回以上が規定とされる官能検査が大きな負担となる。官能検査は、水産物の外観に損傷がないか、鮮度低下によるアンモニア臭等の異臭がないか、鮮度が良好であるかといった内容をチェックする。これは、サンプルを神戸に送って行うのでなく、検査員が現地で直接行う決まりとなっている。愛媛県の業者では、最も近くにある神戸の財団法人日本冷凍食品検査協会に官能検査を依頼する。その場合、検査費用と神戸から現地までの検査員派遣出張費用が必要であり、一回あたり合計で約10万円程度を支払っている。中国向け輸出による利益は、まだそれほど大きくなく、検査費用は企業にとって大きな負担になっている。加えて、この検査は製品分類ごとに実施される。たとえば、同じ施設で加工されたブリ製品であっても、フィーレとロインでは商品分類がことなるためそれぞれに検査および検査費用が必要である（生産施設、生鮮・冷凍、天然・養殖、加工形態などで分類される）。

　衛生証明書検査および発行に関して、中国政府は国の機関を指定していた。しかし、中国側の意図に反して、日本の厚生労働省は民間機関に委託していた。そのため、2012年から、日本でも現在の認定検査機関は、中国の国内法ではそもそも認められないのだから、相手側にあわせた体制をとるべきではないかという見解が出ている。愛媛県行政は、製品分類の緩和および各県の保健所等身近な場所で自主検査及び証明書の発行ができるよう要請した。

　この制度は関係各者から適切な制度変更を要請され、2014年1月1日から新制度に移行することになった。新制度では、登録検査機関における手続は廃止し、施設の登録は、厚生労働省医薬食品局食品安全部監視安全課において実施し、衛生証明書の発行は、都道府県、保健所設置市及び特別区における衛生主管部局、又は地方厚生局において実施することになった（厚生労働省2013年10月17日付けの発表による）。

（2）活魚輸出における動物検疫検査

　愛媛県では韓国向けに養殖マダイの活魚を輸出しているが、韓国で通関する際に動物検疫検査として、輸出されたマダイは5日~1週間ほど留め置き

される。韓国には中国産の養殖活マダイも輸入されるが、中国産の留め置き期間は3日である。活魚出荷の場合、留め置き期間が長くなればなるほど魚がやせ細り、商品価値が低下する。韓国内には、韓国産、中国産、日本産のマダイが流通しており、日本産が大きさ、品質ともに優位であるが、留め置き期間が長くなるとその優位性が失われる。中国産と日本産の検査期間の違いに対する確かな理由は不明だが、VHS（ウイルス性出血性敗血症[13]）が一つの原因として考えられてきた。そのため、愛媛県行政と産地の輸出業者は、留め置き期間を短縮するために、自主的にPCR（ポリメラーゼ連鎖反応法[14]）を用いてVHS検査を行い、検査証明書を添付する取組みを始めた。愛媛県行政は、農林水産省消費・安全局に対して、上記の愛媛方式を外交ルートによって韓国側と協議を進めるよう要請していた。しかし、消費・安全局との間で協議が行き詰まったまま進展していない（2013年12月現在）。

　この愛媛方式は、2013年6月7日〜9月5日の間に計24回行われた。産地側は、協議が行われた際に話し合いが少しでもスムーズに進むよう、輸出側の誠意を示し、韓国の現地検疫局に理解を深めてもらえるように、独自に試験的に行っていた。しかし、結果的には日本政府から韓国側に協議を持ちかける動きにならず、VHSの自主検査証明書の添付は中止されることとなった。

3）県行政主体の海外市場マーケティング活動
　愛媛県では、農林水産物の輸出拡大を図る部署を作り、行政主導のマーケティング活動を展開している。対象は、中国、台湾、香港、シンガポール、バンコクなど民間単独での販路拡大が難しい地域である。これら地域への輸出は、現地の中小規模の日系インポーターや小規模なブローカーとの取引が中心になる。特に、ブローカーの中には詐欺師的なものもあり、信頼できるパートナー探しが必要不可欠となっている。行政は各地で商談会を開催し、信頼できる取引先とマッチングの場を提供している。同時に、県産品の売り

込みをかけたイベントや県知事等によるトップセールスなども積極的に行っている。

ただし、現状では商談会に集まる業者のほとんどが中小規模な日系の輸入業者及びディストリビューターが中心である。現地の大手量販や大手業務筋とのパイプを持つ現地企業バイヤーがなかなか集まらない。また、現地企業のバイヤーが求める品質、価格、量及び明確なセールスポイントなどを提示できる日本側企業も少なく、思うようなビジネスマッチングがいかないのが現状である。

また、上記のような販売促進活動は愛媛県だけでなく各県がそれぞれに行っている。そのため、海外マーケットでありながら、各県の独自色を前面に押し出し、それぞれが産地の異なる類似品を販売している状況にある。た

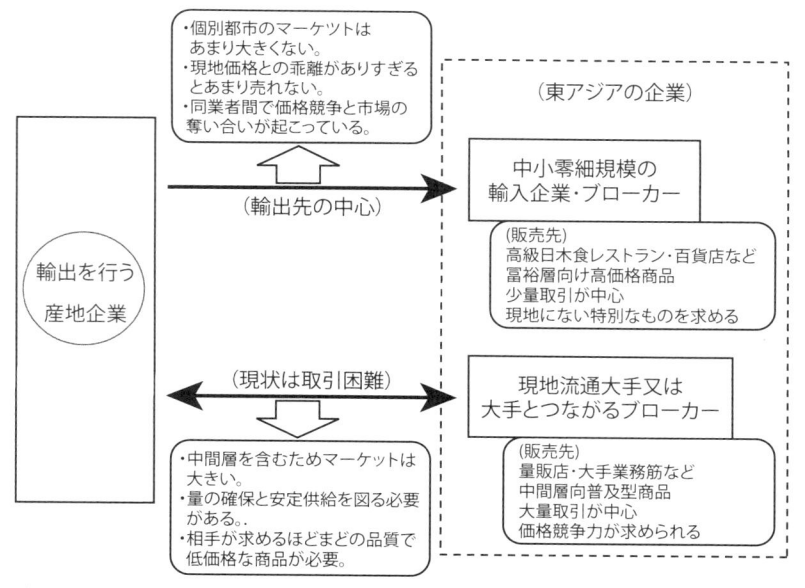

注：産地水産物加工流通企業が輸出する場合は、国内の輸出企業などを通じた間接貿易が多い。

図6－4　輸出を行う産地企業と
　　　　東アジア企業との日本産食品における取引関係

とえば、日本食フェアのような商談会が開催された場合、同一スペースに愛媛県のC社がブリフィーレをPRし、その隣では鹿児島県のD社がブリフィーレをPRするといった具合である。結局、製品に明らかな違いはほとんどないため、両社の製品は海外のバイヤーによって値引き交渉の対象になる。現状の取組みは、海外マーケットに出品しながら、日本人同士で競争せざるを得ない状況を作り出してしまっている。

4 輸出志向型水産業構築に向けた課題

　産地の加工流通企業の輸出動向および行政の支援の動きを整理する中で、政府が目指そうとする輸出志向型水産業の構築に向けていくつかの課題が浮き彫りになってくる。

　第一に、輸出相手国が求めるシステム構築の遅れである。特に、中国輸出に対する制度整備では、中国側が国の機関による検査、書類発行体制を求めたのに対して、日本側は民間機関に委託する体制をとった。にもかかわらず、日本国内ではスムーズに輸出できない状況が現れると、輸入相手国の責任に置き換える風潮もみられた。確かに、中国との関係は政治的に不安定であり、それが輸出に直接関係した場面もみられた。しかし、東アジアの水産物輸出国のほとんどは、相手側に合わせたシステムの構築に努めている。日本においても同様に対応することが求められたといえる。

　また、輸出システムの構築に関しては、関係省庁の各部局単位で足並みがそろわない場面が見られる。政府が輸出を促進しているにも関わらず、現場の水産業や地方自治体が積極的に働きかけても問題がなかなか解決しない。企業でのヒアリングでは、関係省庁が窓口になっている輸出関係書類のやりとりで不手際があり、輸出をキャンセルせざるを得なかったという事例もある。これら輸出制度整備の遅れによるつけは、販売利益の減少・喪失や取引先との信用欠如などという形で企業が背負っている。

　第二に、戦略的マーケティングのなさである。政府は、これまで海外販路開拓を地方自治体にゆだねてきた。各地方自治体は、地元企業の活動を支え、

産地を盛り上げるために努力を重ねてきたが、結果としてあまり成果はみられない。政府は安倍政権に変わって、国家戦略的マーケティングを打ち出したが、これまでの個別の取組みは依然として維持されたままである。

　第三に、原発事故による放射能汚染問題未解決による日本産品に対する信頼の喪失である。水産物をはじめ日本産食材は、日本の物づくりの確かさから諸外国でも安心・安全の信頼を寄せられていた。しかし、放射能汚染問題が未解決のまま長引くほど、その信頼は薄れる可能性がある。

　輸出志向型水産業を作り上げてきた東アジアの水産輸出国は、これまで国家戦略として輸出を促進し、相手国の要求に合わせながら効率的な輸出システムを構築している。日本の水産業活性化に向けて輸出志向型水産業を構築していくのであれば、日本のシステムのなかで造り上げていく議論や動きが早急に求められている。

謝辞

　本稿をまとめるにあたり、A社、B社および愛媛県庁漁政課の方々には、知識不足な筆者に対して丁寧に詳細な情報をお教えいただき、えひめ振興財団の亀岡洋一氏、坂本拓生氏、広島大学の山尾政博教授、駐福岡韓国総領事館の柳珉錫氏には調査支援や貴重なアドバイスなどをいただいた。ここにおいて深く感謝の意を表したい。なお、本稿で行った調査や資料の収集は、「平成24～28年度文部科学省地域イノベーション戦略支援プログラムえひめ水産イノベーション創出地域」に基づくものである。記して感謝したい。

参考文献

濱田英嗣　2003『ブリ類養殖の産業組織 日本型養殖の展望』、成山堂書店

柳　珉錫　2008『韓国の魚類養殖産業の動態と課題：生産・貿易構造の変化による産地間競争を中心に』広島大学博士論文

柳　珉錫・山尾政博 2011「韓国における日本産養殖マダイの価値―　輸入動向と食文化を中心に―」『地域漁業研究』第51巻、第3号、漁業経済

1) 水産物加工食品をアメリカに輸出するには、大日本水産会が認定したHACCP対応加工施設または、それに準ずる認証（JAB：日本適合性認定協会のISO22000など）を受けた加工施設で生産される必要がある。また、EUの場合は、厚生労働省によって認可を受けたEUHACCP対応加工施設で生産される必要がある。対米向けHACCPに比べて、EUHACCP取得の方はチェック項目が多いため取得が難しいとされる。水産物輸出が盛んな国では積極的にEUHACCPを取得しており、中国では567施設、東南アジアでは932施設のEU輸出可能水産物加工施設がある。一方、日本ではあまり普及しておらず、28施設にとどまる（2012年時点）。
2) ブリは出世魚のため魚体のサイズによって名前が異なる。ブリは5kg以上、ハマチは5kg以下のサイズ。
3) 水産物は、完全な滅菌状態で加工しない限り、輸送中に切ったところから変色や色落ちが起こる。特にブリは血合いの変色が速い。そのため、A社ではスライス対応はあまり行っていない。
4) 浜値は一般的に12~3月が安いが、ブリの幼魚であるモジャコは天然種苗が中心のため、各年のモジャコ漁獲量によって多少異なる場合がある。例えば、東日本大震災があった2011年はモジャコ漁獲量が例年より少なかったため、ブリに成長する2年後の2013年の年末から価格が徐々に上がっている。
5) 愛媛県内の主要水産物加工流通企業による養殖ブリ・ハマチの出荷形態および国内消費地までの流通過程については、詳しい調査が求められる。
6) B社への聞取りによる。
7) 日本と韓国との活魚貿易に関する論文は、柳（2011）などが詳しい。
8) 柳（2011）より。
9) 2013年11月関係者への聞取りによる。韓国消費者は、日本産水産物だけでなく日本周辺海域の水産物である韓国産、中国産、ロシア産の水産物に対しても消費を控える傾向がある。福島第一原発事故の風評被害による経済的損失は、日本国内産業のみに止まらない現状を認識する必要がある。
10) ただし、2013年4月および8月に放射能汚染水が地下貯水槽及び地上タンクから漏れ出ていることが発覚したことを受け、韓国政府は同年9月9日から輸入規制を強化した。福島県、宮城県、岩手県、青森県、群馬県、栃木県、茨城県、千葉県の8県からの全ての水産物が輸入停止、上記8県以外からの水産物は、韓国側の検査で放射性物質が微量でも検出されれば、ストロンチウム及びプルトニウム等の検査証明書を追加で要求するとしている。現行の韓国国内のセシウム基準（370Bq/kg）は日本と同じ100Bq/kgに変更した。（水産庁HPより：http://www.jfa.maff.go.jp/j/kakou/export/other/korea.html）
2013年11月現在、韓国消費者の国内水産物消費自体が低迷しているため、愛媛県からの輸出も停滞している。
11) 関係者への聞取り調査による。
12) 厚生労働省医薬食品局食品安全部監視安全課にて認可された登録検査機関は、財団法人 日本冷凍食品検査協会、財団法人 北海道薬剤師会公衆衛生検査センター、社団法人 青森県薬剤師会衛生検査センター、社団法人 長崎県食品衛生協会である。
13) もともとはニジマスにおこる魚病だが、近年は、日本では養殖ヒラメ、シマアジ、マダイなどに感染がみられる。VHSウイルスは鰓を通って魚に侵入すると考えられ、容

易に感染しやすい。ウイルスに感染した魚やキャリアとなった魚がいると、潮流の流れによって同じ生簀内や周辺の生簀の魚群にもウイルスが侵入し、甚大な被害を出す恐れがある。

[14] PCR(Polymerase Chain Reaction)法は、検体から抽出したDNA配列上にある特定の領域を短時間で増幅させる方法で、細菌やウイルスを検出することができる。

Ⅳ部　東南アジアの消費と流通

タイのデパート内にある寿司店

第 7 章　シンガポールにおける魚介類消費と日系企業の活動

鳥居享司

1　はじめに

　シンガポールは中華系（74%）、マレー系（13%）、インド系（9%）を中心とした多民族国家である。国土面積は小さく、人口は 530 万人程度である。しかし、シンガポールでは外国企業の誘致や産業振興を図る目的で様々な優遇措置が設定されており、経済成長の堅調な伸長を支えている。ひとりあたりの GDP（US ドル）は世界 10 位、ひとりあたりの購買力平価換算 GDP（US ドル）は世界 3 位に位置する[1]。また、シンガポールはアジア有数の観光地であり、受入観光客数は年間 1,350 万人から 1,450 万人[2]、観光客が形成する市場はおおよそ 1.84 兆円を記録している[3]。

　経済発展を続けるシンガポールと日本の経済的な繋がりは強い。2012 年度の日本からシンガポールへの輸出額をみると 1.86 兆円を記録しており、日本にとって第 7 位の貿易相手国である[4]。また、シンガポール市場を狙ってシンガポールに進出する企業も多数存在する。JETRO（日本貿易振興機構）の 2012 年度のデータによると、日系企業は 764 社、在留邦人は 2.8 万人、日本の小売業や飲食店の進出は増加傾向にあることが指摘されている[5]。シンガポール国民や観光客の高い購買力、魚食文化が既に存在することなどを理由に、鮮魚専門店や魚介類を提供する飲食店の進出もみられる。さらに、日本産食材の有力な輸出国先として位置づけ、積極的な販売促進に取り組むケースも散見される。

118 第7章 シンガポールにおける魚介類消費と日系企業の活動

　本章では、シンガポールにおいて魚介類や水産加工品を販売する日系企業A社の活動に焦点をあてながら、シンガポールにおける魚介類消費の実態についてみていきたい。なお、A社は、我が国における鮮魚類販売及び業務用卸の代表的企業のひとつであるB社とシンガポール企業との合弁企業である。シンガポールにおいて活躍する日系鮮魚専門店のなかで最も取扱金額が大きい企業である。

2　シンガポールの「食」事情

1）水産食品からみた日本とシンガポール

　シンガポールの食料自給率は10％未満と非常に低く、マレーシア、インドネシア、日本、中国、台湾、アメリカ、オーストラリア、ニュージーランドなど多様な国から分散的に調達することによって食料調達にかかるリスク

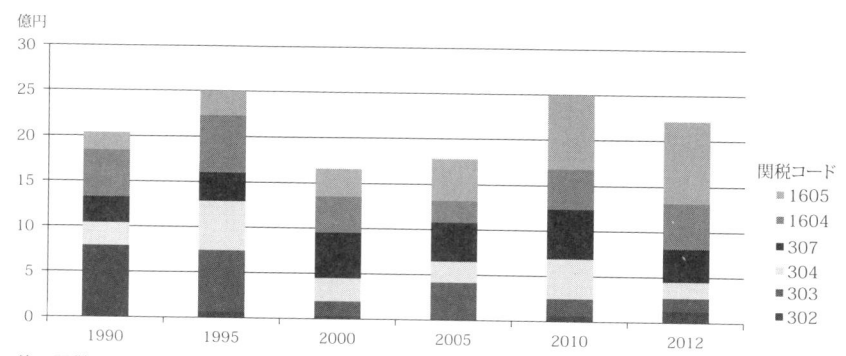

注：関税コード 1605：甲殻類，軟体動物及びその他の水棲無脊椎動物
　　　　　　　　　　（調整し又は保存に適する処理をしたものに限る）
　　　　　　 1604：魚（調整し又は保存に適する処理をしたものに限る），
　　　　　　　　　　キャビア及び魚卵から調整したキャビア代用物
　　　　　　 307：軟体動物（活，生鮮，冷蔵，冷凍，乾燥，塩蔵，海水漬け），
　　　　　　　　　　燻製した軟体動物，並びに軟体動物の粉，ミール及びペレット
　　　　　　　　　　　　　　　　　　　　　　　（食用に適するものに限る）
　　　　　　 304：魚のフィレその他の魚肉（生鮮，冷蔵，冷凍）
　　　　　　 303：魚（冷凍）
　　　　　　 302：魚（生鮮，冷蔵）
資料：貿易統計

図7－1　日本産水産食品の輸入金額

を軽減している。

シンガポールにおける日本産水産食品の輸入金額についてみてみよう（図7-1）。貿易統計によると、日本産水産食品の輸入金額は20億円前後であり、1990年から2012年にかけて、多少の凸凹はあるもののほぼ横ばいに推移している。関税コード別にその内容をみると、いくつかの特徴を確認することができる（図7-2）。1990年、日本産水産食品のなかでトップを占めたのは「魚（冷凍）」であり、約8億円の輸入金額を記録していた。しかし、その後「魚（冷凍）」の輸入金額は低下、2012年は2億円を下回っている。それに代わって増加しているのが「甲殻類、軟体動物及びその他の水棲無脊椎動物（調整し又は保存に適する処理をしたものに限る。）」である。

2012年の輸入金額は、①「甲殻類、軟体動物及びその他の水棲無脊椎動物（調整し又は保存に適する処理をしたものに限る。）」9.0億円、②「魚（調

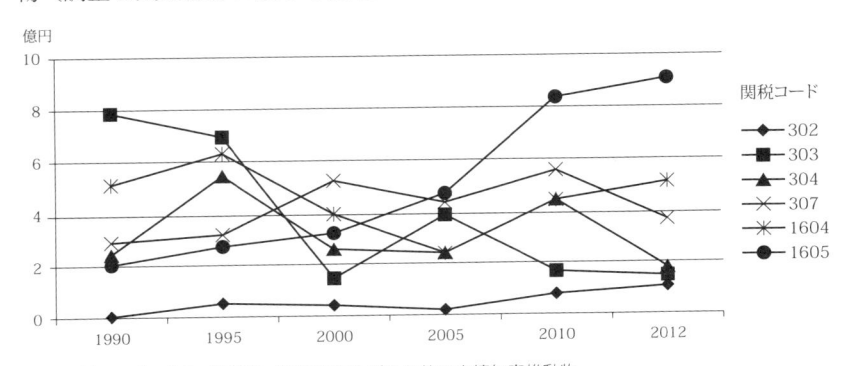

注：関税コード 1605：甲殻類，軟体動物及びその他の水棲無脊椎動物
　　　　　　　　　（調整し又は保存に適する処理をしたものに限る）
　　　　　1604：魚（調整し又は保存に適する処理をしたものに限る），
　　　　　　　　キャビア及び魚卵から調整したキャビア代用物
　　　　　307：軟体動物（活，生鮮，冷蔵，冷凍，乾燥，塩蔵，海水漬け），
　　　　　　　　燻製した軟体動物，並びに軟体動物の粉，ミール及びペレット
　　　　　　　　　　　　　　　　（食用に適するものに限る）
　　　　　304：魚のフィレその他の魚肉（生鮮，冷蔵，冷凍）
　　　　　303：魚（冷凍）
　　　　　302：魚（生鮮，冷蔵）
資料：貿易統計

図7-2　関税コード別にみた日本産水産食品の輸入金額

整し又は保存に適する処理をしたものに限る。)、キャビア及び魚卵から調整したキャビア代用物」5.1億円、③「軟体動物（活、生鮮、冷蔵、冷凍、乾燥、塩蔵、海水漬け）、燻製した軟体動物、並びに軟体動物の粉、ミール及びペレット（食用に適するものに限る。)」3.7億円、④「魚のフィレその他の魚肉（生鮮、冷蔵、冷凍）」1.8億円、⑤「魚（冷凍）」1.5億円、⑥「魚（生鮮、冷蔵）」1.0億円と続いている。

　上位6種の輸入品目を詳しくみると、その多くは「ホタテガイ」、「キャビア代用物」（イクラ）、「練り製品」（カマボコ、チクワ、カニカマなど）であり、魚類では「マグロ（生鮮、冷蔵、冷凍）」、「ブリ類（生鮮、冷蔵、冷凍）」、「イカ（冷凍）」が上位を占める[6]。なお、「魚（生鮮、冷蔵）」の輸入金額は一貫して低位に留まっていることも、その特徴のひとつとして指摘できよう。

2）シンガポール人の食生活

　シンガポールでは夫婦共働きの世帯が大半を占めるため、調理に時間がかかる家庭内食よりも外食が好まれる傾向にある。ホーカーズセンターと呼ばれる小さな食堂の集合街、ショッピング・モール内のフードコートなどの利用が中心を占め、アルコール類を摂らなければ一食300円から400円程度で済ますことが可能である。

　シンガポール人が日常的に食べている中華料理、マレー料理、インドネシア料理には水産品が多用されており、魚介類消費は日常の食生活に浸透している[7]。日本食も人気があり、シンガポール国内の至る所に日本食レストランが存在する[8]。多くの日本食レストランで魚料理が提供されており、寿司や刺身など生鮮魚介類を用いた料理も広く提供されている。また、伊勢丹や明治屋、高島屋などには日系の鮮魚専門店がテナント出店しており、日本の百貨店における魚介類販売コーナーと遜色ない売り場が展開されている。そしてこうした飲食店や魚介類販売コーナーで日本産魚介類が提供されている。

　なお、シンガポールにおける外食市場は約6,000億円であり、市場規模は年々拡大している[9]。ただし、1人あたりの水産物消費量は2005年

24kgから2010年21kgへとやや減少している[10]。

3 シンガポールにおける魚介類流通の概要

　シンガポールにおける魚介類流通の概略について把握しておこう。シンガポールには魚介類を取り扱う市場として「ジュロンフィッシュマーケット」（Jurong Fish Market）と「セイコフィッシュマーケット」（Seiko Fish Market）のふたつがある。ともに営業時間は午前0時から午前6時である。ジュロンフィッシュマーケットは、量・種類ともに豊富である。入荷される魚介類の大半はマラッカ海峡周辺で漁獲されたものであり、インドネシアからの輸入である。このほかに、タイやマレーシアから陸送される生鮮養殖魚、チルド輸送される養殖エビなどが多くを占める。もう一方のセイコフィッシュマーケットへ入荷される魚介類の多くは、周辺地域で漁獲・養殖されたものである。マレー半島の零細漁業者によって漁獲された魚介類、ジョホールバル（Johor Bahru）周辺で養殖されたハタ類やエビ類が入荷する。市場にはそれぞれ20社ほどの仲卸業者がおり、彼らは魚介類の搬入者から相対で購入して、市場内においてより川下の需要者へ販売する。その後、魚介類は、ウェット・マーケットやフードコートの飲食店、一部量販店へ販売される。シンガポール国内には、小規模なウェット・マーケットがいくつも点在しており、消費者はこうした場所で魚介類などを購入する。

　ただし、こうした魚介類の流れに変化がみられるようになった。第1は、インポーターによる供給が中心を占めるようになった点である。市場への入荷量が年々減少しており、その背景としてシンガポール国内のサプライヤーが直接産地から買い付けて量販店等へ卸すいわゆる場外流通が広まり始めたことが指摘されている[11]。シンガポール国内には多数のインポーターが存在し、彼らはタイ、インドネシア、マレーシアなどから大量の魚介類を輸入しており、シンガポールにおける魚介類供給の中心的な方法になっている。第2は、シンガポール人の魚介類の購入場所がウェット・マーケットから量販店へと移った点である。ウェット・マーケットの営業時間帯が午前中で

あること、消費者が簡便な食事（中食、外食）を選択する傾向にあることなどから、魚介類の購入場所はウェット・マーケットにかわって量販店が中心を占めるようになった。

4　日系企業の活動

以下では、シンガポールにおいて魚介類販売を展開するA社についてみていきたい。A社はシンガポールにおいて生鮮魚介類と水産加工食品を専門的に販売した初めての日系企業である。

1）概要

A社はシンガポールで1993年より事業を展開している。当初、周辺国から水産物を買い付け、それを日本へ輸出することを予定していた。しかし、採算が合わなかったことから計画を中止、シンガポールをはじめとする東南アジアにおいて魚介類を販売する事業を開始した。現在、シンガポールをはじめ、マレーシア、香港、台湾などの日系百貨店や地元量販店などへテナント出店している。

2）販売の基本方針

A社では、ターゲットとする客層の味覚に合わせた商品づくりを基本としている。シンガポールは中国系、インド系、マレー系など多様な人種で構成されており、それぞれが異なった嗜好を有する。どの客層を対象にするのかによって商品づくりが異なる。

さらに、シンガポール人の食生活への理解も重要となる。シンガポールの人々の食生活は外食中心である。政府は地区ごとに人口を考慮してフードコートを計画的に建設しており、多くの人々はこうしたフードコートを利用する。こうしたフードコートでは1食あたり4〜5ドル程度であり、ビール等を飲んでも10ドル程度でおさまる。結果として、家庭内で調理をする割合は低い。家庭で食事をとる人は、経済的に豊かな人、子供の健康を考え

る人、健康志向の人が中心である。家庭で食事する場合においても、総菜等の中食が中心である。こうしたことから、ラウンドやフィレといった形態ではなく、寿司などの調理済み商品の販売が多い。

3) 魚介類の確保方法

A社では、日本から輸入、シンガポールのサプライヤーから購入、地元市場から購入の3通りの方法によって魚介類を確保している。

まず、日本からの輸入をみてみよう。A社は日本からハマチ、カンパチ、マダイ、スケソウダラ、イワシ、アジ、ハマグリ、シジミ、アサリ、干し物、練り製品、海藻、旬を演出するための魚介類（ホタルイカ、アユなど）を輸入している。親会社であるB社が魚介類を手配して、冷凍コンテナ船や航空便を利用してシンガポールへ輸送するが、大半が冷凍コンテナ船による。航空便の場合、午前11時に東京都中央卸売市場を出発、夕方に成田空港を離陸、翌日午前0時から1時にかけてシンガポール到着、午前6時に受け取り、午前8時に各店舗へ到着となる。冷凍コンテナの場合、月初めにオーダーをかけ、翌月初めにシンガポールへ到着となる。なお、ホタテやカキなどは入荷のたびに鉛や水銀などの重金属や放射線に関する検査証の提出が求められる。英文の検査証の作成料は1回あたり5万円ほどかかり、小ロットでの輸入は採算が合わないことから、冷凍コンテナ等を使用して1回あたりのロットを大きくするといった対応をとっている。

ついで、シンガポール国内のサプライヤーからの調達についてみてみよう。A社では開業当初、日本産魚介類を多用していたが、次第に周辺国からの調達に切り替えており、現在ではA社の中心的な方法となっている。サケ、カニカマ、マグロ、エビなど多くの魚介類およびその加工品などがサプライヤーより供給されている。エビについては鮮度がとくに重視されている。シンガポール北部にはかつてエビ養殖場があり、新鮮なエビが出回っていたことから、鮮度劣化によって頭部が黒くなったエビは全く人気がない。タイやインドで養殖されたものを搬入する際は鮮度管理が重要であり、サプライ

ヤーから購入する際の品質チェックが欠かせない。

さらに、ジュロンフィッシュマーケット、セイコフィッシュマーケットも利用している。ただし、魚介類の鮮度に問題がある場合が多く、購入量は僅かである[12]。

4）シンガポール国内での店舗展開と商品政策

A社はシンガポール国内に11店舗を展開しているが、日本人の利用が多い店舗は、伊勢丹と明治屋である。この2店舗では、利用客の40％、消費金額の50％を日本人が占める。シンガポールに駐在する日本人の需要はこの2店舗で十分に満たすことができると考えており、その他の店舗ではシンガポール人の需要を満たすことを目的にした商品を揃えている。

シンガポールにおいて人気が高い魚介類は、サケ、カニカマ、魚卵、エビである。なかでもサケはシンガポールで最も重要な商材である。ノルウェー、オーストラリア・タスマニアで養殖されたものが多用される一方、カナダやチリで養殖されたものは僅かである。最近は、オーストラリアドルとの為替の関係から、タスマニア産の養殖サケが多くを占める。カニカマも重要な商材である。カニカマは寿司で多用される。かつては日本産のカニカマが用いられていたが、現在はシンガポール、マレーシア、タイのものが中心を占める。シンガポールやタイなどの協力工場へ冷凍すり身を搬入し、味付けなどを指定して製品づくりを委託している。トビウオやエビの魚卵も寿司に欠かせない。このほかにも、欧州から輸入されるマトウダイのフィレは地元量販店では欠かせない商材である。ドレスで仕入れ、フィレへ加工して販売する。エビについてはチルド輸送されたものを用いる。なお、シンガポールにおいても日本と同様、品質が重視される。たとえば、台湾や韓国の漁船が漁獲するサンマは、漁期が悪いことから脂のノリが薄い。また漁獲後の処理が悪いため、内蔵が劣化して品質が落ちる。味が劣ることからリピーターもおらず販売量も伸びない。しかし、日本漁船が漁獲したサンマを扱ったところ販売量が拡大した。日本人が好まない品質の魚介類は、シンガポールでも売れ行

きが悪い傾向にある。

　取り扱っている魚介類や水産加工食品の原産地をみると、日本人客の多い伊勢丹や明治屋のテナント店舗では日本産魚介類も用いられている。ただし、いずれの店舗においても、開業当初に比べて日本産魚介類の占める割合は大幅に低下している。開業当初、明治屋のテナント店では日本産魚介類を80％ほど使用していたが、現在は40％程度まで低下している。高島屋のテナント店でも40％から50％ほど日本産魚介類を使用していたが、現在は20％程度となっている。利用者の大半がシンガポール人であるブギス（Bugis）の量販店へ出店した店舗では、日本産魚介類を10％から20％程度そろえていたが、現在は5％ほどである。

　日本産魚介類・水産加工品の使用割合低下の理由として、日本産魚介類の価格が上昇したこと、周辺地域で商品として耐えうる水産加工食品が製造されるようになったこと、鮮度の良い魚介類を調達可能になったこと[13]、嗜好が異なること[14]、などを指摘している。なかでも、周辺国で代替品を調達可能になった点が大きい。例えば、タイにおいてカニカマやカマボコなどの練り製品が製造されているが、かつては日本産のものとは大きな品質差があったことから、日本から練り製品を輸入していた。しかし、製造技術の発展などによって日本産の練り製品と遜色のない製品を安価に確保することが可能になり、タイで製造された練り製品の使用割合が高まった。

5）商品形態別にみた販売状況
（1）寿司
　寿司は最も人気の高い魚介類商品である。しかし、1993年の開業当時、シンガポールの人々は寿司に対して「年輩の人は寿司を食べるな、腹をこわす」というイメージを有していた。また、寿司は高価であり、手軽に購入できる物ではなかった。レストランで寿司を食べると50ドル、飲み物などを入れると100ドルから150ドルであった（いずれも1人あたり）。

　A社では、1993年8月に店舗を開店させ、1貫50セント、1貫1ドルといっ

た安価なラッピング寿司を提供した。さらに、同年11月、寿司は健康に良いとするテレビコマーシャルが流れたため、その後、30歳代の女性を中心に購入量が増加していった。中華系OL（office lady）がランチあるいは夜学前に小腹を満たすために購入するようになったが、40歳代以上の人は相変わらず手を出さなかった。

しかし現在、20年前に30歳代だったOLは50歳代、60歳代になり、引き続き寿司を食べ続けており、寿司消費の裾野が広がった。売れ筋は、サケ、カニカマ、魚卵、卵である。一方、白身魚やイカは全くの不人気である。インドネシアからキハダやメバチが輸入されるが、マグロ寿司の人気はそれほど高くない。また、赤身よりもやや脂ののった身質が好まれる傾向にある。

現在では、安価なラッピング寿司だけではなく、日本の鮮魚専門店の売り場でみられるような本格的な寿司も提供しており、人気を博している。

(2) 刺身

A社では刺身原魚として、サケ、マグロ、養殖タイ、メカジキの脂身、メアジ、養殖シロアジ、養殖ヒラマサ、養殖カンパチ、養殖ハマチ、ソウダカツオなどを用いている。

ただし、刺身は寿司に比べて販売量がかなり少なく、寿司ほどの人気はない。A社が開業するまでは、刺身をテークアウトできる専門店が存在しなかった。日本で刺身を食べた経験を有するシンガポール人が地元のレストランで刺身を食べたところ、価格は高く鮮度も悪いことから、刺身は安心して食べることのできる食材ではなかったという。

1993年の開業より刺身の販売を開始したが、シンガポールにおいてA社は刺身を持ち帰ることができる初めての専門店であった。ただ、A社の責任者は当初、刺身の持ち帰りについては否定的な考えをもっていた。高温多湿のシンガポールで果たして鮮度を維持できるのか、販売後は苦情が殺到するのではないか、という点を懸念したのである。

しかし、それは杞憂に終わった。シンガポールでは購入前にはいろいろと注文が寄せられるが、購入後の苦情はほとんど寄せられない。A社では、「刺

身等は氷で保冷する」、「すぐに持ち帰る」、「2時間以内に食べる」などを促していることに加えて、シンガポールでは「購入後は自己責任」という認識が存在することが背景にあるとみている。

(3) ラウンド

シンガポールでは家庭内調理の割合が低いため、魚介類をラウンドで購入する客数はごく少数である。ラウンドの魚介類を揃えているのは高島屋と明治屋のテナントのみであるが、500万人の人々に対してはこの2軒で十分であると判断している。

5　おわりに

以上、シンガポールにおける魚介類の取り扱いと消費実態について、日系企業A社の活動を中心にみてきた。

シンガポールに駐在する日本人の利用が多い店舗においては、日本産魚介類が多用されており、日本でみる鮮魚売り場と遜色のない品質と品揃えが実現されている。また、シンガポールは多民族国家であることから、それぞれの嗜好を反映させた品揃えが必須となる。生食の定着にも長い年月と地道な販促活動が必要とされる。こうした努力の積み重ねによって、A社はシンガポール国内において鮮魚専門店のトップとしての位置づけを確立した。その経験を活かし、店舗の展開範囲をシンガポールはもとより、マレーシア、香港、台湾へと広げている。

一方で、注視すべき点は、海外における日系企業の活動拡大、生食文化の拡大が必ずしも日本産魚介類の使用拡大には結びつかないという事実である。A社では開業当初こそ日本産の魚介類や水産加工食品を多用していたが、代替可能な製品が周辺国から安価に供給されるようになったこと、経済発展による製氷施設の整備により高鮮度な魚介類が周辺国から供給されるようになったこと、などを背景に売り場に占める日本産魚介類や水産加工食品の割合を大きく減らしている。こうした事実は、日本食文化を輸出すれば日本産食材の輸出量も大きく伸びるだろうという考えはやや安直であることを示唆

しているのではなかろうか。

参考文献

ジェトロ　シンガポール　2013『シンガポール経済の動向』
　　日本貿易振興機構、pp.1-56
ジェトロ・シンガポール　2013『シンガポール日本食品消費動向調査』
　　日本貿易振興機構、pp.1-31
信金中央金庫　2009『日本産食品・食材の海外販路拡大に向けて』pp.1-8

---

[1] いずれも 2012 年度のデータ。
[2] Singapore Tourism Board 2013 "Singapore's Tourism Sector Performance for 2012" を参照した。
[3] 1 シンガポールドル 80 円換算。
[4] 財務省貿易統計より。
[5] JETRO 2013 年「シンガポール経済の動向」より。
[6] 財務省貿易統計より。
[7] JETRO 2013 年「シンガポール日本食品消費動向調査」より。
[8] シンガポールの放送局による日本のグルメ旅番組の影響、健康食に関心のある人々の増加などによって、日本食が人気になっている。信金中央金庫（2009 年）より。
[9] Euromonitor International Ltd の 2010 年度調査による。
[10] Agri-Food & Veterinary Authority of Singapore の調査による。
[11] 魚介類や水産加工食品を販売する複数の日系企業への調査に基づく。
[12] 仲卸業者のなかには、販売後の残品を冷凍し翌日解凍して販売する、その残品を冷凍してさらに翌日解凍して販売する、といった行為を繰り返すケースもある。果たしていつ漁獲された魚介類なのか判別がつかない場合もあることから、A 社では取り扱いには注意が必要であると判断している。
[13] 聞き取り調査によると、周辺の漁業者は高鮮度の魚介類を出荷すれば価格に反映されることを理解し、氷を使用するようになった。こうしたことから、ジュロンフィッシュマーケットやセイコフィッシュマーケットにおいて鮮度良好な魚介類を確保することが可能になった。
[14] 日本産ウナギと中国産ウナギを販売したところ、脂ノリを求める嗜好から中国産を選択する消費者が多数を占めた。こうしたことから、現在では中国産ウナギの取り扱いが中心を占める。

第8章　バンコクにおける日本食普及の現状

天野通子

1　はじめに

　世界的な健康志向の高まりの中で、日本食がブームになっている。東南アジア地域の都市部においても、日本食は人気のある外国料理の一つである。なかでも、東南アジアの中でいち早く経済成長を遂げたタイには、日本企業が多数進出しており、約5万人の日本人が住んでいる。その内、約7割が首都バンコクに住み、市内には日本人街が形成されている。バンコクおける日本食普及は、これらバンコクに住む駐在員とその家族を対象とした日本食レストランから始まったが、次第にタイ人を対象とした独自の日本食レストランが広く普及し、ブームを引き起こしている。この現状は、日本人が一般的に思い描く、日本産の食材を使った純粋な日本食が広まっている、といった日本食ブームとは大きく異なるものである。

　本章では、バンコクにおける日本食レストランの普及状況を紹介し、日本からの水産物輸出の可能性について検討してみる。

2　バンコクで普及する日本食

1）多様な日本食レストラン

　バンコク市内には日本人街があり、その周辺地域には日本語と英語表記された日本食レストランの看板があちこちに掲げられている。また、バンコク市内各所にある大型のショッピングモールやGMSに

は、数店舗の日本食レストランが必ずと言っていいほど出店しており、連日タイ人で賑わいを見せている。

バンコクで見かける日本食レストランやそこで提供される料理は、多種多様である。日本食自体が和食、洋食、中華、B級グルメなど、多様な要素から成り立っているためである。加えて、現地の嗜好に合わせたタイ風日本食も多く見られる。

タイの日本食市場規模は、100億バーツと推計され[1]、バンコク市内には日本食レストランが 1,100 件以上 あるといわれている。図8-1 は、バンコク市内に展開する日本食レストランの分布を表したものである。一般的に日本人が日本食と認識している料理を提供しているのは、一人あたり所得が5万バーツ以上の階層をターゲットにした店である。最も価格帯が高いのは、高級日本食レストランで、本物志向が強く、築地から食材を空輸して日本産食材を利用している。このタイプの店は、これまで日本人経営で日本人板前

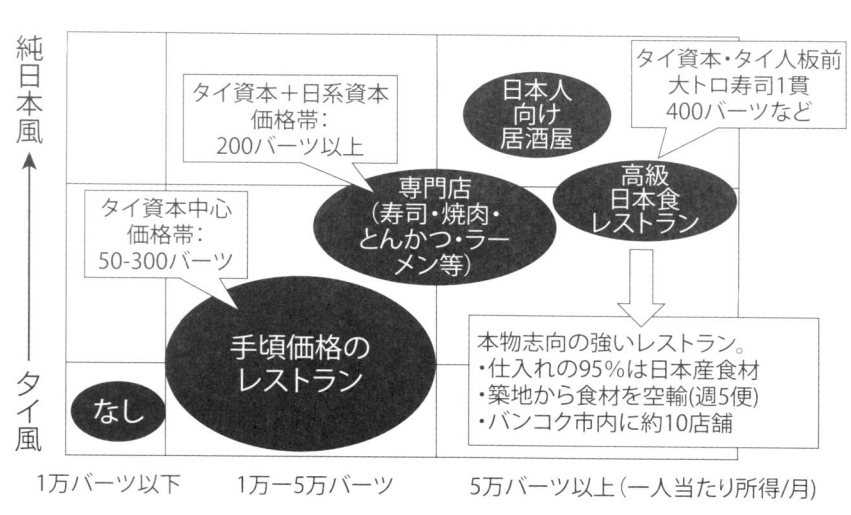

資料：ジェトロバンコク事務所作成資料に筆者加筆

図8-1　バンコク市内で展開する日本食レストランの分布

がおり、日本人駐在員やその接待用として利用されていた。しかし、日本企業の業績悪化を受けて接待需要が減少したほか、日本企業が駐在員として若手社員を送り込むようになり、利用者が減少していった。近年はタイ資本でタイ人板前の店が目立つようになっている。利用する客はタイ人の富裕層が中心のため、提供される日本食は、純粋な日本食に近いが、タイ人の嗜好に沿ったものである。

　続いて価格帯の高い店は、日本人向けの居酒屋である。日本人オーナーが取り仕切り、日本と変わらない料理を提供している。これに続くのは、寿司、焼き肉、とんかつ、ラーメンなどを扱う専門店である。専門店は、中間層から富裕層まで幅広く利用されている。日本資本やタイ資本のチェーン店、日本人やタイ人がオーナーの個人店など様々である。店にもよるが、高級店に比べてかなりリーズナブルで、価格が安く、味付けや盛りつけ方などがタイ

日系日本食チェーンレストラン 　　　　　タイ系日本食チェーンレストラン

回転寿司の店内 　　　　　タイ系日本食ビュッフェレストラン

写真8－1　バンコクの日本食レストラン
（2014年2月筆者撮影）

人好みである場合が多い。

　バンコクで最も店舗数が多い日本食レストランの形態は、中間層をターゲットとしたお手頃価格の店である。タイ資本のチェーン店が中心であり、タイ風の日本食が提供される。専門店に比べると寿司ネタの種類が少なかったり、品質が低かったりする。バンコクの日本食ブームは、比較的手軽な価格でビュッフェ形式の日本食を提供した店が登場したことから始まったと言われる。日本食になじみのないタイ人でも、並べてある料理を選ぶだけで食べられるという注文のしやすさや、食べ放題形式で支払い方法が簡単であることが普及のきっかけである。加えて、タイ人の味の好みやセンスで作られた日本料理が提供され、日本に来たことがない現地人にはなじみやすかったと考えられる。

2）タイ風の日本食

　日本人が外国料理を自分たちの食文化や味の好みに合わせて変化させ、新たな日本食として普及させたように、タイ人も日本食を自分たちの好みに合わせて食している。

　日本食は、基本的には素材の味を大切にした味付けをするため、地域にもよるが比較的薄味である。一方、南方に位置するタイでは、食材自体の味が淡泊なため多様なハーブや香辛料を使った濃い味付けが多い。具体的には、南国特有の甘み、酸味、辛みが複雑に混ざった味である。そのため、タイ風の日本食は比較的味が濃い場合が多く、加えて甘みが強かったり、辛みがあったりする。

　なかでも特徴的なのが、タイ風にアレンジされたカラフルな寿司である。寿司ネタに利用される魚は、サーモンやかに風味かまぼこが圧倒的に多い。また、厚みのある海藻を千切りにしたもの（めかぶのようなもの）が乗った緑色の軍艦巻きもよく見られる。その他には、日本でもおなじみの卵焼き、エビ、赤身のマグロ、イカ、カッパ巻きなどが並ぶ。

　比較的リーズナブルな回転寿司やビュッフェ形式の日本食レストランにあ

る寿司コーナーでは、鮮やかなサーモンピンクやかに風味かまぼこの赤色などで埋め尽くされている。サーモンの握りやサーモンロールにはマヨネーズや明太子マヨネーズ、ネギなどがトッピングされる。また、海苔を内側にして具材を巻いたカリフォルニアロールも人気である。これも、タイ風にアレンジされており、表面の寿司飯部分にはオレンジ色をつけた小粒の魚卵がびっしりとついている。このカラフルな色の魚卵は人気があり、軍艦巻きにして魚卵をたっぷりのせたものもある。

中級店や高級店では、マグロのトロ（日本産とは限らない）やハマチ、神戸牛（日本産かどうかは定かでない）の寿司が提供される。しかし、ここでも販売のメインはサーモンやタイ人向けに一工夫されたものである。

食事の提供の仕方もタイ風にアレンジされたものがある。日本の回転寿司をタイ風にアレンジしたもので、しゃぶしゃぶの具材が回転寿司コンベヤの上を回り、お寿司や天ぷらなどの日本風お総菜が別スペースに並べてある。ここで提供されるしゃぶしゃぶは、日本風でなくタイにもともとあるタイスキという鍋料理である。スープや具はタイスキとほぼ同じだが、「しゃぶしゃぶ」という名前で提供されている。

日本食ビュッフェの寿司

回転寿司のハマチ（2貫110バーツ）
トロハマチ（2貫140バーツ）

写真8-2　バンコクでみられる寿司
（2014年2月筆者撮影）

3 バンコクの日本食ブームを支えるサプライチェーン

1）タイの輸出志向型食品産業

　バンコク周辺地域には、豊富な農林水産物と安価で良質な労働力を生かした食品製造業が発展している。また、アセアン地域内では経済交流が活発に行われ、食品が工業製品のように分業関係の中で生産されている[3]。

　このような環境の中で、タイでは日本向けのエビや鶏肉を使った製品などを中心に、原料生産から完成品までの関連産業が集積し、巨大な食品産業クラスターを形成している。現在、タイに進出している日系食品製造業は約200社以上である[4]。これら企業の工場では、EUHACCPやHACCPなどを取得し、高度な衛生管理システムの下で日本向けを始めヨーロッパ、アメリカ、中国などアジア地域の国々へ輸出を行っている。もちろん、生産された商品の一部はタイ国内でも流通している。

　具体的に、タイで製造される日本向けの加工食品をランダムにあげてみると、水産物では冷凍魚介類、魚のすり身、かに風味かまぼこ、ツナ缶、冷凍の寿司ネタなどがある。日本で見かけるサーモンのフィーレや切り身、寿司ネタなどは、タイにある水産物加工場で処理されたものもある。

　高次加工の冷凍食品では、エビフライ、エビカツ、焼き鳥、唐揚げ、寿司、天ぷら、サバの竜田揚げ、たこ焼き、とんかつ、ラーメン、うどんなどその他にも多様なものが製造されている。その他加工品には、調味料、即席麺、小麦粉製品、菓子、飲料、漬け物など、日本で食するありとあらゆる商品が製造されているといっても過言ではない。

　これら日本向け商品のコピー商品が現地企業によって製造され、安価な価格でタイ国内や周辺国に流通している。特によく見かけるのは、かに風味かまぼこである。また、日系企業で製造された規格外品や製造過程で廃棄される魚の頭やあらなどの部位も流通しているといわれる。

2）日本食レストランの食材調達

　このようにバンコク周辺で日本食食材が生産されなかで、現地の日本食レストランでは、日本産食材をどの程度利用しているのだろうか。現地で日本産の食材を取り扱うディストリビューターに聞取りを行った。それによると、バンコク市内で拡大しているお手軽価格や専門店といった普及型の日本食レストランでは、日本産食材はほぼ利用していない状況である。生鮮品はタイ国内を中心に仕入れを行い、加工品においてもタイ国内や周辺国の加工場で生産された、安くていいものを探し出して調達している。

　これを受け、タイの日本向け食製造企業の販売先は近年多様化している。90年代は、日本向けが95％、残り5％が韓国、欧米、タイ国内で、販売先の中心は日本であった。しかし2010年代以降は、日本向けが90％に減少し、韓国、欧米、タイ国内向けが10％に増加している[5]。

　高級店や日本人向け居酒屋については、約97％はタイ国内で食材を調達し、残り約3％が日本からの輸入品である[6]。現地の高級レストラン需要として日本から輸入される食材は、日本酒、珍味、マグロのトロ、ハマチ、ホタテ、サンマ、うどんやそばの乾麺、和牛、高級な刺身用食材、秘伝のたれ[7]など、現在のところ現地で調達できないものに限られている。なかでも、刺身や寿司ネタ用の水産物は、航空便を利用して鮮魚輸出されている。一回あたりの輸送量は発泡スチロール数箱単位、鮮度を保つために箱の中に保冷剤を敷き詰めるため魚体の数倍近くの重量となる。そのため、輸送コストは高くなり、極めて限られた高級店でしか利用されない。

　つまり、バンコクの日本食ブームは、現地や周辺国で製造された原料や加工品をベースに形成されており、日本産食材の需要拡大に大きく寄与しているとは言い切れない。また、日本向け食製造企業の販売先が多様化しつつあることを考えると、世界に拡がる日本食ブームを食材供給という面で支えているのは、日本からの輸出品ではなくタイなど東南アジア等の食品製造企業で生産されたものであると言っても過言ではないのではないだろうか。

4　日本産水産物輸出に向けて

1) タイ人の水産物嗜好

　タイ人の一般的食生活からみる水産物嗜好は、表8-1に示したとおりである。タイで流通する水産物は種類が多いので、最も一般的なものに限定した。高級魚はギンダラで、1,000バーツ/kg前後で販売される。ギンダラはタイ語でプラヒマ（雪の魚）と呼ばれ、特別な魚として扱われる。現地では、主に冷凍や解凍の切り身などで販売されている。中高級魚はスズキ、マナガツオで、地元の行事で利用される晴れの日商材である。一般魚はティラピアで、市場やスーパーマーケットで必ず見かけることができ、売り場面積も広い。近年人気があるのは、ティラピアを品種改良したレッドティラピアで、ティラピアよりも高値で販売される。その他に、海水魚ではアジ、イカ、エビなども一般的に消費される。

　タイでは家庭内に台所がない場合が多く、外食・中食利用が多い。この場合の求められる魚のサイズは、魚種によるが500～800gである。タイ人の魚の消費スタイルは、まるのまま1匹調理したものを数人で食べるため、皆に適度に魚が行き渡る程度の量が必要である。そのため具体的には、ティ

表8-1　タイ人が好む魚

高級魚	ギンダラ：1,000バーツ／kg前後
中高級魚	スズキ、マナガツオ：500バーツ／kg前後 →春節のお供えやお祝いに利用される晴れの日商材
一般魚	レッドティラピア：500バーツ／kg前後 ティラピア：50～150バーツ／kg前後 →レッドティラピアは10年前から流通、ティラピアより好まれる 　鱗が赤いところが好まれている 　　ネーミングもよい（プラタプティム＝魚の宝石の意味） 海水魚ではアジ、イカ、エビ

資料：バンコクのディストリビューターへの筆者聞き取り調査より作成

ラピアでは700〜800g、スズキでは600〜700gで販売される。現地のスーパーマーケットで、小ぶりのハマチが販売されていたが、これも600g前後のサイズであった。価格は1匹57バーツで、一般魚の扱いである。

　魚の販売形態は、主にラウンドの鮮魚が中心で、その他冷凍のフィーレや切り身などが販売される。タイのスーパーマーケットでは、魚を購入後、その場で下処理と調理をしてもらうことができる。近年、保存性のよさから冷凍フィーレの販売が増え始めている。特に、パンガシウスのフィーレがよく見られ、比較的安く購入しやすいことで普及しつつある。

　魚の調理法は、魚体丸ごと香草と一緒にタイのしょう油などで蒸したり、ディープフライにしたりする。一般的に、南方で捕れる魚は味が淡泊であるため、タイ風のソースにつけて食べる。高級魚のギンダラは脂分の多い魚だが、主に蒸して食べるため脂分は抜けて比較的さっぱりとした食感になる。

　近年、タイの富裕層がマグロのトロを食べるようになり、タイ人も日本人と同様に脂嗜好が芽生えていくかもしれない。しかし、既存の食文化にみられる魚嗜好はあっさりとしたものであると考えられる。

2) 現地の日本人需要は安定か

　日本からの輸出を考える際に、安定需要として現地で生活する日本人需要が最初に期待される。確かに、特別な取引相手のための接待需要や生活をする上で各個人がどうしても必要と感じるものなど一定の需要はあると考えられるが、ここに大きな期待はかけられなくなっている。

　以前は、海外に派遣される社員の多くが国内で高いポストにいる人材であり、所得が高かった。しかし、現在は若手社員が派遣されるケースが多いため、以前に比べて所得階層は下がっている。また、家族連れで赴任する場合は、子供の教育費にも費用がかかるため必然的に普段の食費は豪華なものになりにくい。加えて、生活をするなかで、各人が現地で安くて一定品質のある商品を見つけ出し、徐々に現地の物価水準になれていく。そのため、日本での国内価格を知っている日本人は、輸送費やマージンが含まれた割高な日

本産商品から次第に遠のいていく場合もある。このように、日本人需要はある程度は安定してあるが、これからも大きく拡大していくものではないと考えられる。

3）日本産水産物の輸出の可能性

現在、日本からバンコクに向けて輸出されているのは、一部の富裕層と現地の日本人向けに限られている。日本食市場では、日本産であれば何でも売れるわけではなく、これまでに多様な日本産品が輸出されては、現地の需要に合わず、定番商品として残れないまま消えていった。また、高級品は高値で販売されるが少量需要であり、流行り廃りがあるため継続的な取引に結びつけるのは難しいようである。

日本産水産物の輸出の方向性として検討するには、高所得層のみに絞らず上位中間層までターゲットを拡大する必要がある。今後、タイ国内及び周辺国で生産された日本食食材がバンコクだけでなくアセアン地域内で普及し、中間層を対象とした日本食需要が高まる可能性は高い。このことは、日本食ビジネスチャンスの広がりを意味するが、必ずしも高級日本食材市場が大きく拡大することを意味するわけではない。バンコクを中心に東南アジア地域に拡大する日本食市場を取り込み、日本の水産業に活力を与えていくには、現地の上位中間層が求める価格帯や品質サイズ、加工度などのニーズを満たした商品を安定的に供給できる体制を構築していかなければならない。加えて、日本産水産物の最終消費形態を日本食のみでなく、現地の食生活の中に組み込み、現地の人の好みで食べてもらえるようになることが重要である。その場合、生産過程の全てを日本国内に置くと商品価格が高くなり、現地で普及することが難しくなる。東南アジアにある加工施設などと分業関係を築き、現地のメリットを最大限活用することも検討される必要がある。

5　おわりに

衰退する国内水産業の活路の一つとして、輸出が大きく位置づけられるよ

うになった。日本の輸出政策は、近年国家的な動きが見られるようになり市場拡大に向けたマーケティングや輸出制度の整備などが進められている。2013年12月に「和食」が日本食文化として世界遺産に登録されたことを受け、日本産品を海外に売り込もうという勢いもますます強くなっている。しかし、バンコクの日本食普及の現状から見られるように、海外で拡がる日本食ブームは高品質な日本産品がなくても十分に成り立つものである。日本の水産物が海外で広く利用されるためには、生産過程のどの部分を国内に残し、残りの生産過程を分業化が進む東南アジア地域でどのように組み込んでいくか検討する必要があるのではないだろうか。

謝辞
　本稿をまとめるにあたり、バンコクでご活躍される日系ディストリビューター及び水産加工企業の方に大変お世話になった。また、ジェト・ロバンコク事務所やえひめ産業振興財団の方々からも詳細な資料をいただき、山尾政博教授からは貴重なご意見やアドバイスをいただいた。ここにおいて深く感謝の意を表したい。なお、本稿で行った調査や資料の収集は、「平成24～28年度文部科学省地域イノベーション戦略支援プログラムえひめ水産イノベーション創出地域」に基づくものである。記して感謝したい。

参考文献
　ジェトロ農林水産　食品部バンコク事務所　2012
　　　「平成23年度タイにおける食のマーケット調査」、日本貿易振興機構
　ジェトロ・バンコク事務所　2012
　　　「タイの日本食品事情」（ジェトロバンコク事務所配布資料）
　山尾政博　2006「東アジア巨大水産物市場圏の形成と水産物貿易」
　　　『漁業経済研究』第51巻第2号、漁業経済学会

1) ジェトロ市場トレンド情報、2011.1 より。ガシコーンリサーチセンターレポートより引用された数値。
2) 2012年6月現在の数値。ジェトロ・バンコク事務所配布資料より。
3) 山尾政博 (2006)
4) ジェトロ農林水産食品部バンコク事務所 (2012)
5) 2013年3月日系食品加工企業への筆者聞取りより。
6) 2013年3月ディストリビュータへの筆者聞取りより。
7) 2013年3月筆者聞取りおよびジェトロ・バンコク事務所作成資料より。

V部　貿易と資源

フィリピンのパナイ島

第9章　フィリピンの沿岸漁業と市場流通の動向
　　　―パナイ島バナテ湾のカニ漁業を事例に―

山尾政博

1　沿岸漁業の構造変化と市場

1）問題の背景と課題

　フィリピンを始めとする東南アジアの海面漁獲漁業では、漁船隻数や漁具などが相変わらず増大しており、資源を過剰に利用する動きがとまらない。そのため、経営体当たりの水揚げ量が減少し、その一方で、燃油価格が高騰するなどして操業コストが上昇し、漁業経営が悪化している。東南アジア大陸部の一部の国や地域では、こうした漁業生産をめぐる環境の変化に加え、経済発展とともに一人当たり所得が上昇し、漁業や養殖業の就業構造が大きく変わりつつある。漁業就業人口が減少し、賃金水準が上昇して乗組員の確保が難しくなっている[1]。漁船装備の近代化と省力化が進み、経営規模のダウンサイジングが定着する地域もみられる。漁業を生業とする人口は相変わらず多いが、構造転換の動きが急速に広がっている。

　ただ、漁業種類や魚種によって動きは異なる。また、市場の需要動向に左右されてかえって漁獲努力量が増えて、資源の減少や枯渇が引き起こされる事態も見受けられる。本章が対象とするフィリピンのカニ漁業は、1997年頃からその漁獲量が急激に増えた。対象魚種は，主に Blue swimming crab（学名：*Portunus pelagicus*、現地名：alimasag、kasag など）、日本名ではタイワンガザミ（ワタリガニは通称だが、以下ではこれを用いる。）だが、これは,アメリカを中心にカニ缶詰に対する需要が増えたことによる。本章では,

144　第9章　フィリピンの沿岸漁業と市場流通の動向

　フィリピンのパナイ島バナテ湾の沿岸地域におけるカニ漁業の発展過程と漁業構造の変化に焦点をあて，市場流通の動きを分析する。具体的には，第1に，パナイ島バナテ湾でのカニ漁業の動向を明らかにし、第2に、地域漁業

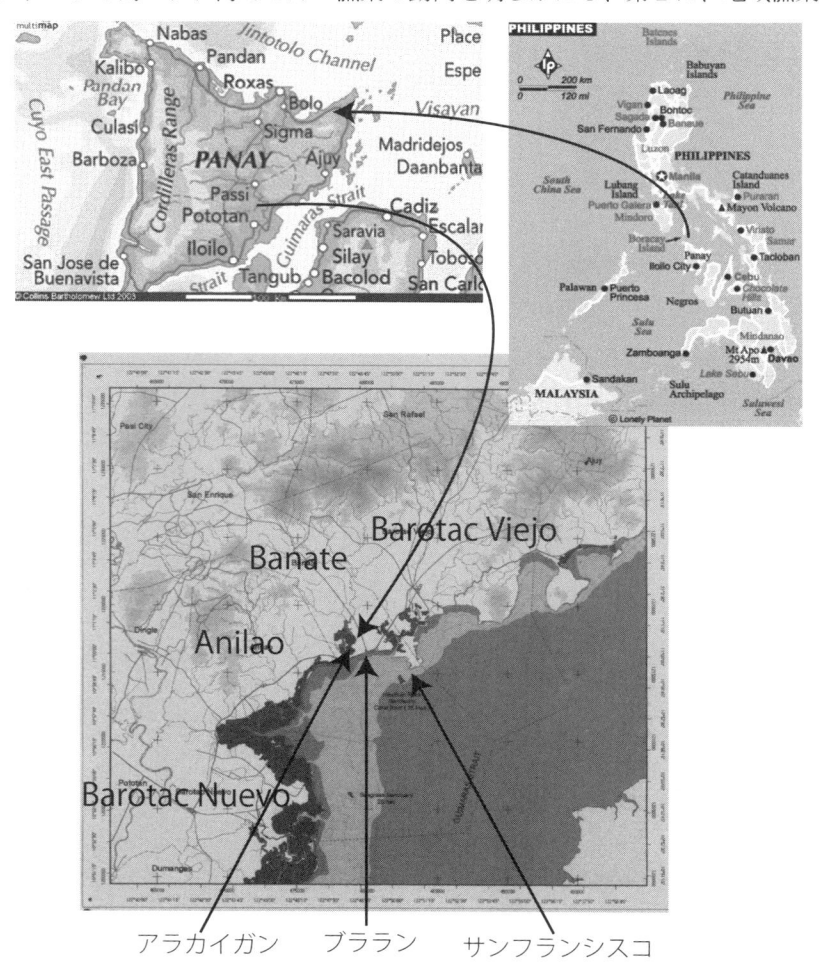

　　　　　　　　　アラカイガン　　ブララン　　サンフランシスコ
　　　　　　資料：BBBRMCI 提供資料にもとづき岩男恒雄作成
　　　　　　　　　図9−1　パナイ島パナテ湾の位置

に大きなインパクトを与えてきた市場流通と加工の動きを、実態調査を踏まえて明らかにする。第3には、市場流通環境の変化をきっかけに進む地域漁業の構造変化を、漁業経営に視点をおいて検討する。

調査地は、パナイ島のギマラス海峡に面したバナテ湾岸のバナテ町、バロタック・ビエホ町である（図9-1参照）。漁業者や流通加工業者からの聞き取り調査を2008年から2012年にかけて実施した。同地域では、広島大学大学院食料生産管理学研究室が2004年から資源利用、資源管理組織、村落開発、ソーシャル・キャピタルなどについて継続的な調査を実施している。必要に応じて、これまで研究室で蓄積してきた諸資料を用いた。なお、調査対象地では、上記2町に加えて、バロタック・ヌエボ町、アニラオ町の4つの町が合同してBanate Bay & Barotac Viejo Bay Resource Management Council, Inc. (BBBRMCI, バナテ湾・バロタック・ビエホ湾資源管理委員会) が設立されている。調査を進めるにあたってBBBRMCI関係者からは多大なご支援とご協力を得ることができた。

2　フィリピンのカニ漁業の発展と水産物貿易

1) カニ輸出ブームの広がりと漁獲動向

フィリピンでは、ワタリガニを漁獲対象にした漁業は1990年代後半にはすでにブームになっており、2000年代始めまで続いたとされる[2]。図9-2によると、1998年から2001年にかけて生産量が増大しているのがわかる（BFAR, Bureau of Fisheries and Aquatic Resource；水産局）。2000年以降は3万トン台の前半で水揚げ量は推移し、2005年から2007年にかけて生産量は再び上昇した。ただ、この時期を境に生産量は減少し始め、2012年には2万6千トンにまで減った。

生産量が減少したのとは対照的に、金額的にはピーク時の2008年には30.25億ペソ、2012年には28.5億ペソとそれほど大きく減少していない。調査地であるバナテ湾沿岸域でも産地取引単価が上昇したことから、全国的に急速に需要が伸びて、取引単価が上昇したことは容易に推察できる。

カニ漁業の特徴は、漁獲量のほとんどがマニシパル漁業 (municipal fisheries) と呼ばれる小規模沿岸漁業[3] によるもので、2万6千トンのうちの2万5千トン、実に96%を占めることである。

　フィリピンでカニ漁業が盛んになった大きな要因は輸出需要の拡大である。図9-3に示したように，輸出は1990年代半ばに盛んになり、1997年にまず量的なピークが訪れた。ただ、輸出額はその後も増加し続けた。単位当たりの価格が上昇したこと、つまり、輸出価格の上昇が、カニ資源に対して過剰漁獲をもたらす要因として働いたことは容易に想像される。

　2007年の輸出量は1877トン、輸出額は19億ペソであった。そのうち、調理・加工済みが約15億ペソ、活ガニが4億ペソと続く。調理・加工済み製品の輸出額が伸びているのが特徴的であった。この輸出の動きを支えたのが、各地にあるカニ缶詰工場である。カニ製品は冷凍よりも缶詰・調理済みの形で輸出される。ただ、輸出額の振幅は大きく、2005年に一度ピークが形成されている。バナテ湾などでカニ漁業が急速に広がったのがちょうどこの時期である[4]。

　最近の輸出状況は多少違っている。統計数値に連続性が欠けるためにはっきりは言えないが、生鮮・冷蔵・冷凍の形で輸出される割合が急速に増えた。一方、調理・加工済み製品の振幅が大きく、こうした製品形態別にみた動きは、輸出相手先と大きく関係している。フィリピンはもとより、東南アジアのワタリガニ製品の輸出相手先の大半はアメリカである。

　特に、フィリピンの沿岸域でカニ漁業ブームがみられた2000年代初頭から中盤にかけて、アメリカ市場では同国からのカニ輸入が増えた。2005年には2600トンを超え、2007年には3000トンに達した（図9-5参照）[5]。調査対象地であるバナテ湾で私たちが調査を開始したのは2005年、第2次カニ・ブームが始まってまもなくのことである。それは、フィリピンがアメリカ向け輸出を大きく伸ばした時期である。

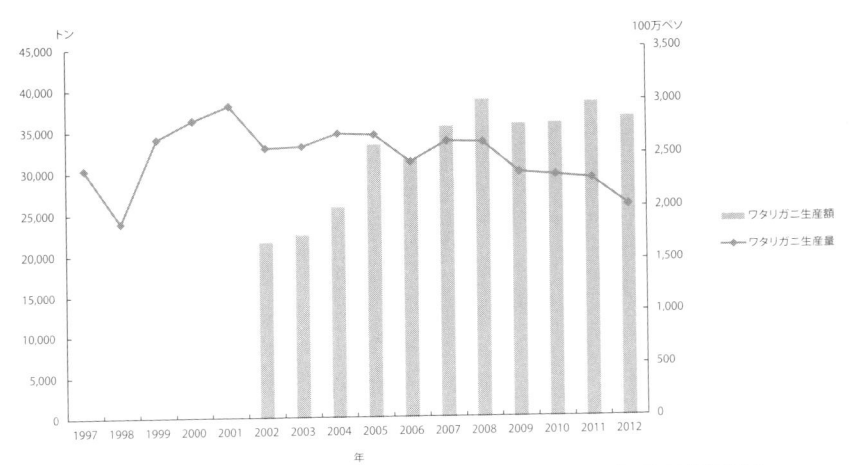

V部　貿易と資源　147

図9－2　ワタリガニ生産量及び生産額の推移

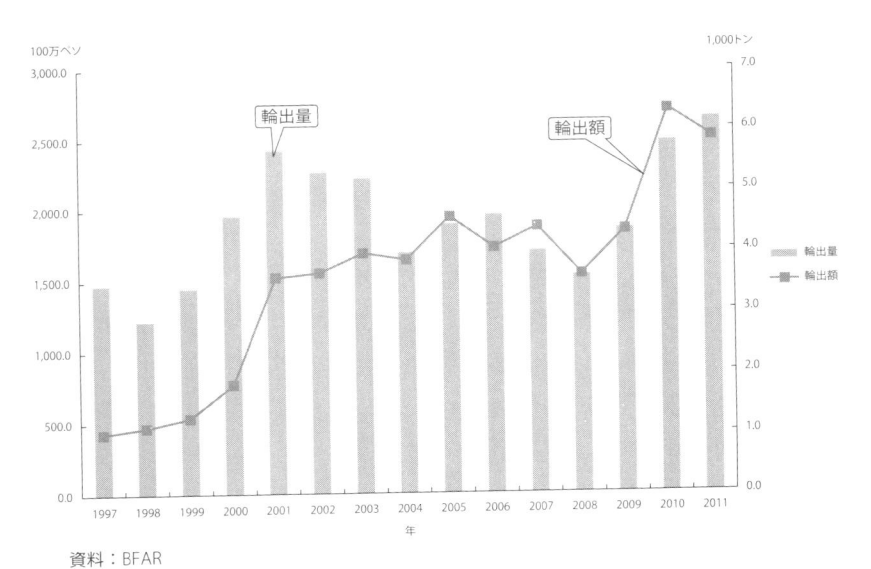

資料：Bureau of Fisheries and Aquatic Resource (BFAR) "Philippines Fisheries Profile"（各年度版）

資料：BFAR

図9－3　カニ輸出量及び輸出額の推移

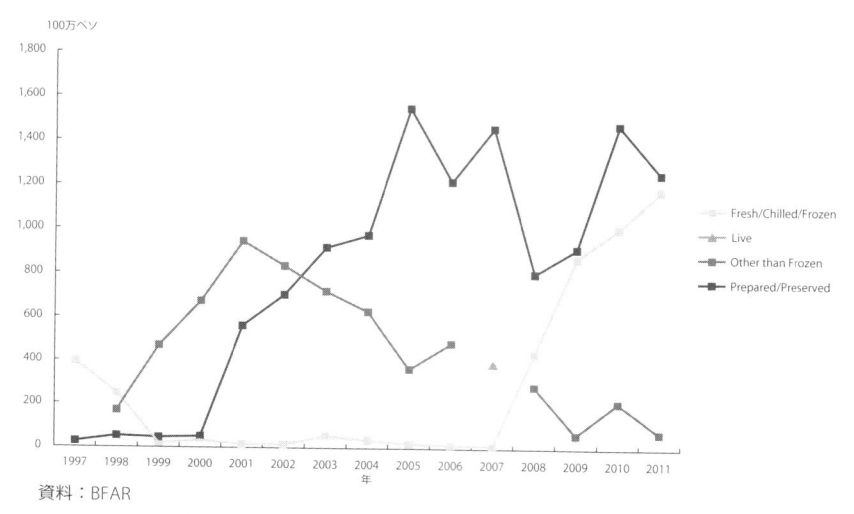

図9−4　カニ形態別輸出額の推移

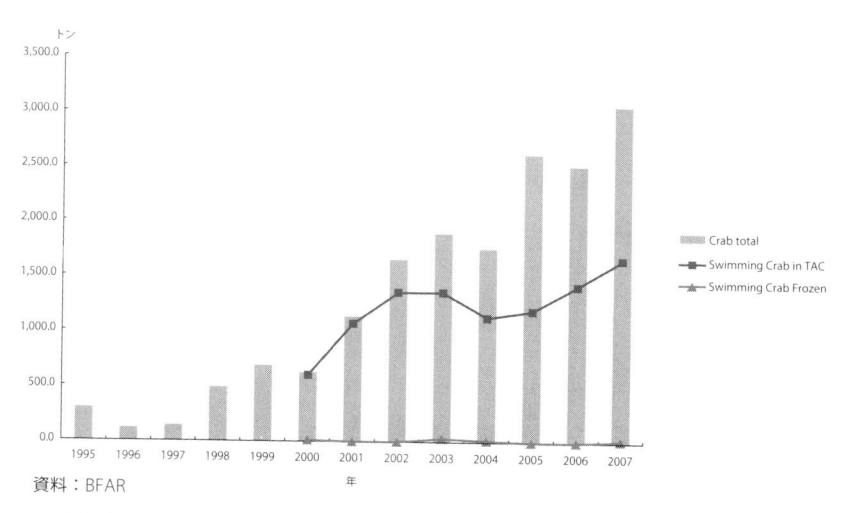

図9−5　アメリカのフィリピンからのワタリガニ類輸入量

3 バナテ湾地域のカニ漁業をめぐる集荷と加工
—バナテ町およびバロタック・ビエホ町の事例—

1) 輸出向けカニのチャネルの拡大

調査対象地であるパナイ島バナテ湾地域では、カニ漁業がブームになっていた当時、図9-6にみられるような流通チャネルが現れた。セブ島にある缶詰・調整品を製造する加工企業を最終地点とするチャネルができあがりつつあった。一方、国内及び地域市場向けでは、パラパラ（Pala-Pala）と呼ばれる卸売業者を介する流通経路が支配的であった。このチャネルは一般魚種と同じものだが、カニについても以前はこのチャネルが主流であった。その後、カニ漁業が拡大するのにともなって、カニの集荷を専門とする流通業者

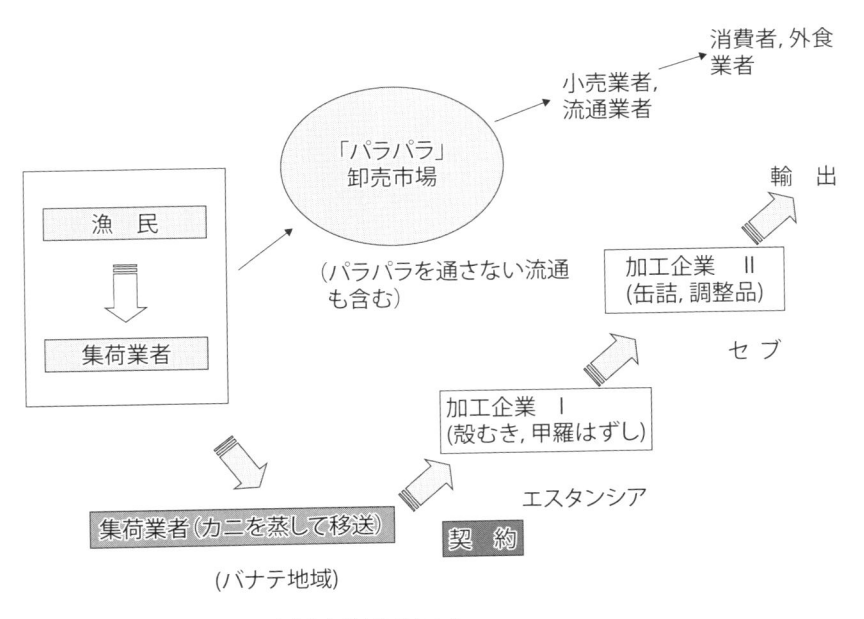

資料：2004年、2005年に実施した聞き取りによる

図9-6 カニの輸出チャネルと国内流通

が現れ、輸出向け加工企業につながるチャネルが支配的になっていったのである。

カニ集荷業者には大きくわけて二つのタイプがある。ひとつは、村落内（バランガイ）にあって漁業者から集荷する第1次集荷業者であり、経済的な自立性は相対的に低かった。漁村内にいる鮮魚集荷業者が第2次集荷業者によって系列化されていくこともあるし、カニを専門に扱う業者が新たに出現する場合もある。

今ひとつのタイプは、広域集荷を行う第2次集荷業者であり、その出現は、地域漁業の構造や漁業経営の転換に大きなきっかけを与える。バナテ町の集荷業者のJ氏やMS社は、集荷網を広げて第1次集荷業者とのネットワークを作り、また、直接に漁民との取引関係を維持し、集荷量を増やしていった。第2次集荷業者の事業拡大があり、それを維持するため集荷資金が第1次集荷業者等に提供され、その一部が漁業者の操業資金に充当された。つまり、前貸し金として燃料や漁具（主にカニカゴ）の購入や、餌の調達にあてられたのである。これが漁業経営の転換を促し、カニ漁業が広まるきっかけを作った。

集荷業を起点にした地域漁業の構造転換は、バナテ町でもバロタック・ビエホ町でも広く観察された。2004～2005年当時の漁業経営の構造転換の詳しい内容については別稿を参照してもらうことにし[6]、集荷業・加工業の動きについて概略を述べておく。

2）新しい集荷業者の出現と加工・流通―J氏の事例―
（1）事業拡大の過程

バナテ町でいち早くカニ集荷業に取り組んだのはJ氏である。彼が手広く集荷業を手がける以前から、カニはバナテ湾の主要な水揚げ魚種であった。当時は、一般魚種と同じようにパラパラを頂点にした流通体系のなかで取引されていた。それが、2000年代に入ると事情が大きく変わった。J氏に象徴されるように、カニの集荷と販売に特化した専門業者が現れ、彼らを頂点

にするカニの地域集荷体制が整ったのである。

　バナテ湾周辺に輸出用のカニ缶詰工場が立地しているわけではない。パナイ島の他地域にある工場、あるいはセブ島にある輸出向け加工企業にカニが出荷される。Ｊ氏にしてもＭＳ社にしても、輸出に繋がる集荷・加工ネットワークに組み込まれたのにすぎないが、地域漁業に与えたインパクトはきわめて大きかった。

　当初、カニ集荷はほぼＪ氏の独占状態であった。Ｊ氏は、漁業者に前貸し金を渡して集荷力を高めた。漁業者はカニカゴ（写真9-1）か刺し網を用いたが、バナテ湾ではカニカゴ漁が急速に広まった。Ｊ氏は雄雌にかかわらず、3.5インチ以上のカニを購入し、3.5-4.0インチまでを中、4.1インチ以上を

写真９－１　カニカゴを積んだ漁船

写真９－２　集荷したカニ

写真９－３　茹でた後の乾燥

大として扱った。2006年当時の買付価格はすでに1kg当たり100ペソを超えていた。

　カニの産地集荷業者には三つのタイプがある。第1のタイプは、集荷業にほぼ特化しており、持ち込まれたカニを茹でて、簡単に包装して加工場に移送する業者である。2006年に調査したJ氏はまだこのタイプであった。

　第2のタイプは、集荷した後に茹でて殻を外し、身をほぐしてカニ・ミートにする集荷業者）、いわゆる加工業（ピッキング）も兼ねた業者である。J氏は後にこのタイプに事業活動を発展させた。MS社も集荷・加工業者である。私たちが最初にJ氏にインタビューした時には、まだ計量器、ガス器具、扇風機がある簡単な作りの乾燥室、それに精算窓口があるだけの施設であっ

表9－1　ワタリガニの買付価格と販売価格（J氏）

単位：ペソ／kg

	買付価格 大	買付価格 中	販売価格 大	販売価格 中
集荷業者より	130ペソ	60ペソ	140ペソ	65ペソ
漁業者より	120ペソ	45ペソ		

注：販売価格は生鮮価格に直してある。
資料：2006年に実施した聞き取り調査により作成

写真9－4　加工場内の様子

た。当時の買付価格を表9-1に示しておいた。サイズの設定は大ざっぱだが、大と中との間の価格差は大きい。J氏は茹でて選別したカニを発砲スチロールの箱に入れて、エスタンシアの加工業者に販売していた。

第3のタイプは、上記二つのタイプの集荷・加工業者に、原料となるカニを漁業者から集荷して販売する業者である。カニ集荷ネットワークが広がりをみせるにつれて、この種の集荷業者が村（バランガイ）のレベルで増えた。第1のタイプとの違いは、茹でる作業を行っていない点である。

J氏は、第1のタイプの集荷業から始めたが、すぐに事業を拡張して小規模な加工場を建設し、殻むき、甲羅はずしをして、ピッキングしたカニ・ミートを分類して缶詰工場に送る業務を行うようになった。表9-2は、カニ・ミートの作業を行っていない時のコストと利益であるが、この利益額が業務拡張とともに大きくなった。当時、缶詰工場は原料を安定的に集荷するために、多額の買付資金を地域の有力なカニ集荷業者に前渡ししていた。これをもとに、J氏は買付量を増やしたが、集荷を円滑にするには、村レベルにいる第1次集荷商人に資金を融通する必要があった。

J氏の旺盛な事業展開に触発されて、他の魚集荷業者や企業家によるカニ集荷・加工業への新規参入が相次ぎ、2008年前後から、カニ集荷をめぐる競争が激化していった。

表9-2 集荷・加工から得られる利益（J氏）

単位：ペソ／kg

	集荷業者より		漁業者より	
	大	中	大	中
買付価格	130ペソ	60ペソ	120ペソ	45ペソ
販売価格	140ペソ	65ペソ	140ペソ	65ペソ
加工コスト	2.5ペソ	2.5ペソ	2.5ペソ	2.5ペソ
利益	7.5ペソ	2.5ペソ	17.5ペソ	17.5ペソ

注：加工コストは直接経費のみで計算。
資料：2006年に実施した聞き取り調査により作成

（2）J氏のカニ集荷業の浮沈

　J氏のカニ集荷事業は急速に拡大し、最盛期には300隻近くの漁船に前貸しし、1日当たり1トンから1.5トンのカニを集荷していた。

　J氏は2007年には3百万ペソの投資をして加工（ピッキング）場をオープンさせた。この工場は、換気施設の整ったタイル張りの内装が施されたものであった。海岸に近い場所にあることから漁業者から直接集荷もしやすかった。また、道路に面しているため、集荷業者によるトラック輸送にも便利であった。しかし、新規に参入してくる集荷業者との間で競争が激しくなり、前貸し金の回収が難しくなり、多額の貸し倒れが発生したのである。このため資金繰りに行き詰まり、漁業者等への販売代金の支払いが遅れがちになり、集荷に支障をきたすようになった。

　2010年当時、J氏は、カニ漁業のピーク時以前はセブ島の輸出加工企業R社にカニ・ミートを販売していたが、その後はエスタンシアのH社との取引に切り替えた。R社との取引形態は集荷量が300kgを超えた時にはピッキングの請負を行い、それ以外の時、特に80kg未満の時には茹でたカニをそのままで販売した。いずれの場合も、集荷価格に1kg当たり5ペソを上乗せした価格で販売していた。

　2010年当時、カニ漁業のピーク時期のJ氏の集荷量は300kg、ローシーズンは80－90kgである。2005～2006年当時と比べると、集荷量が大幅に減っていた。漁具別にみると、カニカゴが全体の70％、刺し網が25％、ブブと呼ばれる魚カゴが5％という内訳であった。J氏の加工場近くのラミンタオ村に集荷ステーションが1か所、さらに二人の第1次集荷業者がいる。直接に漁民から集荷する割合は25％、ステーション及び集荷業者からが75％を占めた。

　J氏の集荷ステーションがあるラミンタオ村では、5月から8月にかけてカニカゴ漁になり、それ以外の月は刺し網漁になる。カニを持ち込むのは18－19隻、ステーションでは1隻当たり平均して200－300ペソを前貸ししている。カニの集荷はサイズ選別なしで行われ、1kg当たりの価格は

115ペソであった。なお、この地区には近隣のアホイ町からの集荷業者が参入していたが、集荷価格はＪ氏のステーション価格と同じであった。

　Ｊ氏の集荷の特徴は、サイズの小さいカニを集荷していないこと、直接買付の価格をＭＳ社よりも若干高めに設定していることであった。2010年2月には、買い付けている漁業者（漁船主）は30人前後であり、常時取引のある集荷商人は2人であった。ステーション、集荷商人に対しては、漁業者から買い付ける価格に1kg当たり5ペソを上乗せした買付価格を設定していた。Ｊ氏は、漁業者には1シーズンに5,000-10,000ペソ、集荷業者には10万ペソ以上の資金を提供していた。集荷業者を介したほうが集荷しやすいとのことであった。

３）ＭＳ社によるカニ集荷業の拡大とネットワーク化
（１）集荷業への参入経過
　Ｊ氏と同じように、集荷・加工業に参入したＭＳ社には、漁民から直接に集荷するルートと、村落内（バランガイ）にいる第1次集荷業者からのルートがある。全体としては、後者のルートのほうが大きな比重を占めている。2010年から2011年にかけて、Ｊ氏の集荷・加工業とは対照的に、ＭＳ社は順調に集荷・加工活動を推移させた。Ｊ氏の集荷量の相当部分がＭＳ社に流れたものと思われる。

　ＭＳ社がカニ集荷・加工を始めたのは2004～2005年頃、経営者家族の出身地にあるＰ社というカニ加工会社から集荷業務への参入を勧められたのがきっかけである。ＭＳ社は当初、集荷したカニを茹でてＰ社に販売していたが、開始1年後からは殻むき、甲羅をはがし、ピッキングして販売するようになった。事業立ち上げの際には、技術研修、品質管理等についてＰ社からの指導を受けた。また、集荷・加工施設を建設する際には金銭的な支援を受けた。

（２）ＭＳ社の事業形態と集荷形態
　ＭＳ社は集荷業を兼ねるピッキング加工業者である。事業形態は、図に示

したように、カニ漁獲漁業者及び産地集荷業者（系列の第1次集荷業者）から集めたカニを茹でて、干して冷やした後に殻を剥いている。この加工形態（ピッキング）の役割は、産地にあって広域集荷機能を発揮しながら、労働集約的な第1次加工を担当することにある。茹でて乾かす作業を第1次集荷業者に委ねる場合もある。図9-7に示したように、集荷量のおよそ40％がこの経路をたどってＭＳ社に持ち込まれる。残りの60％が漁民からの直接買付となり、ＭＳ社自らが作業員を雇って茹でて干す作業から始める。

　殻むき、甲羅をはずし、部位別に選別したカニ・ミートは、セブ島にある輸出加工企業に移送される。Ｐ社との取引を打ち切り、取引相手先をセブにある会社に変えた。この会社は主にアメリカ向けの缶詰（Fresh Pasteurized Blue Swimming Crab Meat）及び調整品を製造している。

　ＭＳ社にはステーションと呼ばれる集荷業者がバロタック・ビエホ町のサンチャゴ村（バランガイ）、ダマンガス町にいる。サンチアゴ村のＢ氏の場

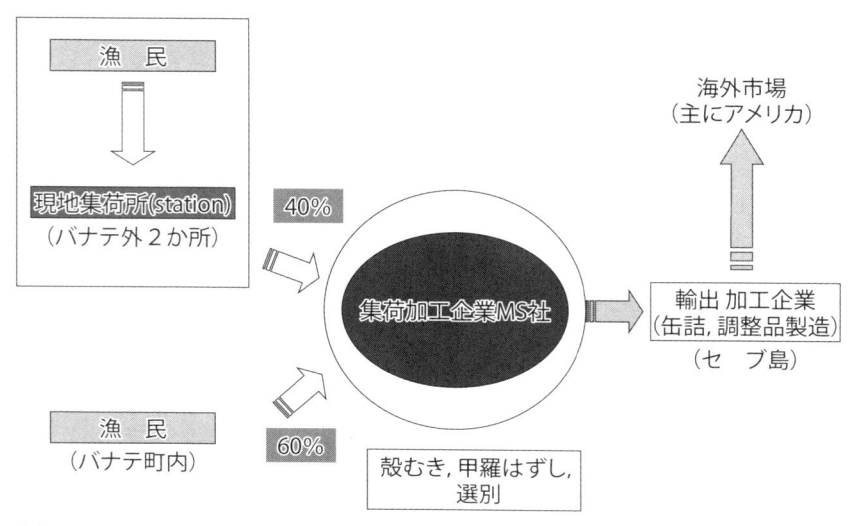

資料：2010年、2011年に実施した聞き取りによる

図9－7　ワタリガニの流通ネットワーク
　　　　　―パナイ島パナテ地区のＭＳ社の事例―

合、カニの集荷を始めてまだ5-6年しかたっておらず、バナテ町及びその周辺部にカニ漁業が急速に広まり、サンチアゴでもカニカゴが急増した時期に、カニ集荷を始めた。

2010年2月の時点では、ＭＳ社はバナテ町の漁民から直接にカニを買い付けていた。これは2012年まで続いたが、漁民のほとんどはＭＳ社近くにあるバランガイに居住していた。カニカゴによる漁獲が圧倒的に多い。この地域では4・5月から8月の間がカニ漁業の最盛期となり、その後3月までは漁獲量が少なくなる。最盛期にＭＳ社が取引する漁業者の数は約65人、それ以外の時期は35人である。漁業者には前貸ししており、カニ漁業の最盛期には100ペソ程度と少ないが、ローシーズンには50,000～60,000ペソの資金を1人当たりに提供することもある。主にカニカゴを購入するための資金として用いられる[7]。

漁業者は漁獲したままのカニを持ち込むのであり、集荷業者のように茹でて持ち込むわけではない。2010年2月の価格は表9-3のようになっていたが、中と小の区別は集荷商人に対してのみ適用されていた。大きいサイズは全体の10％、残りの90％は中小のサイズになっている。

ＭＳ社はサイズの区別なく漁業者からも集荷業者からも買い付けていた。1kg当たり150ペソと、以前に比べて30ペソも値上がりしていた。なお、直接に買い付けている漁業者数は、2010年と比べてほぼ半分にまで減っていた。ピーク時には32人、それ以外の時期には約15人であった。

表9-3　サイズ別買い取り価格

	サイズ区分（kg当たり）	買取価格（直接）	ステーションからの買取価格	集荷量に対する割合
大	3匹	150ペソ	160ペソ	10％
中	10-15匹	120ペソ	100ペソ	90％
小	20匹	50ペソ	50ペソ	

注：聞き取り調査により作成（2010年2月時点）

（3）加工過程と販売

　ＭＳ社の操業状況は、原料の確保量如何によって変わってくるが、ピーク時には朝7時から操業を開始して翌日の午前2時まで続くこともある。対照的に閑散期には、朝7時から午後2時くらいまでの操業になる。加工作業を担当するのは周辺部から集まる女性労働者たちである。賃金は歩合制で決まり、1kg当たり50ペソである。ピーク時には、1日最大で8kgくらいの作業量をこなす労働者もおり、賃金は400ペソぐらいとなる。最も水揚げの少ない時期でも、1人1日当たり4〜5kg、200〜250ペソになる。加工場内の衛生環境はあまりよくなく、換気が悪く、匂いが室内にこもったままの状態になっている。雇用人数は変動しており、多い時で50－60人、少ない時で20－30人である。

　ＭＳ社のカニ・ミートは7つの規格に分けられ、それぞれ価格が異なる。表9-4に示した規格では"Jumbo"と呼ばれる部位が全体の50％を占め、その価格は1kg当たり50ペソと高い。最も価格が高い"Flower"は60ペソであるが、全体に占める割合は10％と小さい。同社が販売先を変えたのは、Ｒ社では出荷製品がリジェクトされる頻度が高く、セブ島に工場があるＣ社のほうが有利だと判断した。ＭＳ社は小さな加工場だが、品質管理を担当する従業員を1人配置して、集荷前の製品チェックをしている。それでも、1か月に2度くらいはリジェクトされるとのことである。

表9－4　ＭＳ社の販売用規格と価格

規格	価格（ペソ）	割合（％）
Jumbo	50	50
Special	20	10
Back fin	30	10
Flower	60	10
Chaw mesh	30	10
CF	30	5
Flex	20	5

注：聞き取り調査により作成（2010年3月時点）

なお、MS社の主要な販売相手先であるC社からは作業着、長靴、ナイフ等の簡単な器材が供与されているが、集荷資金も無利子で提供を受けている。集荷資金は最盛期には2日間で50万ペソを必要とする時もある。
　当初、販売相手先は1社であったが、やがて販売チャネルが3つに増えた。セブ島のC社に加えて、パナイ島のロハス町、ネグロス島への販売が加わった。ネグロス島には、その対岸に位置するダマンガス町にあるMS社のステーションから、茹でたカニを直接に販売していた。販売先を3か所に分散させたのは、一社だけに限ると、カニ漁の最盛期に操業能力を超えた企業が取り扱いを停止することがあるためである。販売先への輸送費は相手企業の負担となる。規格と価格は出荷先によって多少違うが、加工過程ではそれほど障害にはなっていない。
　出荷先からリジェクトされる主な理由は、匂い、虫の混入、である。匂い対策は、加工場内に換気扇を設け、氷をできるだけ多く使うことで対応している。リジェクトされた製品については、イロイロ市内のスーパーや市場等で販売している。

(4) MS社が直面する集荷競争

　バナテ町周辺では、カニカゴ漁を操業する大型漁船を対象に、カニを集荷する業者が増えている。商業的漁業 (commercial fisheries に分類) が多数集まるバナテ町のサンサルバドル村では、違法漁業となる Danish purse seine (デンマーク式まき網) のカニカゴへの転換が進み、1隻当たりが積載するカゴの個数が増えている。前出の集荷業者B氏、それにネグロス島の集荷業者のステーションなど、今ではサンサルバドル村では5－6人が集荷している。カニ漁業が小型漁船から中大型漁船にまで広がってくると、集荷業者の数もそれにともなって増える。しかし、それらはMS社やJ氏のように"packing an"とイロン語で呼ばれるような加工過程を備えた形態の業者ではなく、鮮魚として集荷して、そのまま加工業者に販売していくタイプである。
　このように、バナテ湾周辺地域では、カニをめぐる集荷競争が激化し、ネ

グロスから集荷業者も盛んに入り込んでいる。ネグロス島にはカニ加工場があり、盛漁期以外の時期に原料が不足するため、バナテ湾地域にまで集荷ネットワークを広げている。

4）集荷商人の活動とその特徴―サンチアゴ村Ｂ氏の事例―
（1）新規参入を促したカニ集荷業

バナテ湾地域ではカニ漁業がブームになるにつれて、集落内にステーションないしは集荷商人が現れたが、バロタック・ビエホ町のサンフランシスコ村では、漁業協同組合が集荷の中心になり、Ｊ氏と取引するネットワークができあがった[8]。これを契機に同村の漁業経営の形態が大きく変わり、カニ漁業は村の経済活性化に大きく貢献した。延縄専業経営から延縄とカニカゴを組み合わせた操業形態が広がったのもこのネットワークができてからである。その後、同村の漁業協同組合の集荷ネットワークは資金繰りの悪化で機能停止に陥ったが、カニカゴ漁は今も続いている。

Ｂ氏はもともと養豚など農業で生計をたてていたが、カニカゴ漁業がブームになるなかで集荷業を開始した。2011年頃まで、Ｂ氏はサンチアゴ村では唯一人のカニ集荷業者であった。

Ｂ氏の集荷範囲は主に居住するサンチアゴ村にある。カニの水揚げがピークになる期間、1日あたり80～200kgを集荷している。村内の31人の漁

写真9－5 サンチアゴ村にある集荷場の様子

民にくわえ、隣接地区の集荷業者からも買い付けている。それ以外の時期には、カニ漁業に従事する漁業者が極端に少なくなり、村内の5人と隣接町の2人の漁業者から集荷するだけである。扱い量は15〜30kgまで減少する。サンチアゴ村ではカニカゴ漁が主だが、一部には刺し網もある。

　2010年2月の調査では、B氏は、水揚げのピーク時にカニをサイズにかかわりなく1kg当たり150ペソで買い付けていた。それ以外の時期には、価格を下げて1kg当たり120ペソで買い付けていた。

（2）MS社との取引

　B氏は、当初はエスタンシア町のP社の工場に出荷していたが、操業が不安定であったため、MS社に出荷先を変えた。両社の買い取り価格にはほとんど差がないが、バナテ町までの輸送コストが1回100ペソと、エスタンシア町に送るよりは安い。B氏が取引しているのはバナテ町のMS社だけである。同社の買い取り価格には変動がほとんどなく、そこから1kg当たり10ペソを差し引いたものが漁業者からの集荷価格になる。なお、この1kg当たりの価格は、鮮魚換算である[9]。

　MS社は、1シーズン当たり5万ペソの集荷資金をB氏に提供している。また、鍋、ガス、網などの器材はMS社提供のものである。ただ、B氏は最終的には自らの判断で集荷したカニをMS社に販売している。

（3）B氏の集荷業経営

　水揚げがピークになる時期、1日平均80kgの集荷（販売）があると、1kg当たり10ペソの利益として1日800ペソの総収入がある（運賃等のコスト含む）。1週間で5600ペソになるが、ピーク時をはずれると、1日当たりの利益は300ペソ、1週間で2100ペソにまで減少する。

　ここ1-2年の間にサンチアゴ村では、カニの水揚げ量が減少しているという。以前なら、水揚げの最盛期には1日当たり300-400kgの集荷があったが、2012年3月の調査では80-200kgにまで低下していた。ピーク時以外なら以前でも70-80kgあったが、現在では15-30kgにまで減少している。B氏によると、カニカゴの数が急速に増えていること、リフト・ネット（固

定式敷網）による集魚灯がカニを引きつけて漁獲してしまう、等で過剰漁獲となり、資源が減少しているとのことであった。リフト・ネットの網目を大きくする、カニカゴの数を減らすなどの対策が必要だと、Ｂ氏は指摘する。

サンチアゴ村でカニカゴ漁を営む漁民は、平均して100個から150個のカゴを積載して操業していた（2010年当時）。Ｂ氏は集荷を確実にするために、漁民に対してカニカゴ、ナイロン綱、漁船燃油等を購入する資金を貸し付けていた。ちなみに、1隻当たりの漁具装備費用は、カニカゴが1000～1500ペソ、ナイロン綱が840ペソかかる。Ｂ氏は、毎回の販売代金から40～50ペソを差し引いて前貸し金を回収していた。

2012年3月の調査では、サンチアゴ村でのカニカゴ漁船は減少していたが、1隻当たりに積載しているカニカゴは250個とかえって増えていた[10]。

サンチアゴ村の漁業者の多くは、カニカゴ漁と延縄漁との兼業形態をとっているが、カニ漁業のピーク時以外には延縄漁業に従事している者が多い。この村でも集荷をめぐる競争が激しくなっており、昨年にはネグロス島の集荷業者のステーションが開設された。Ｂ氏とスキ関係（前貸し関係を含む特別な取引関係）がない漁業者はそちらに流れたと言われる。Ｂ氏の買付価格が150ペソ／kgだとすれば、ステーションはそれより5ペソ高い価格を付けている。また、2011年頃よりネグロス島の集荷業者が洋上買付を本格化させたが、Ｂ氏とスキ関係にある漁業者も販売している模様である。1日にカニカゴを2回引き上げる場合は、1回分の漁獲量はスキ関係にあるＢ氏に販売し、もう1回分は洋上で販売するのが一般化している。洋上の取引価格はスキ関係にある価格よりは10ペソ高い相場であった。水揚げが減少していることがカニ漁業者の減少を招いているとされるが、水揚げ地での漁獲量の減少はこうした集荷競争の激化を反映したものでもある。

ＭＳ社が直面している原料確保をめぐる困難さは、その傘下にある集荷業者が直面している集荷競争を反映したものに他ならない。

4　輸出志向型カニ漁業ブームがもたらすもの

　水揚げ量の不安定化がバナテ町周辺では広く見られたが、漁業者は、資源量の減少とみている。その一方、輸出需要を中心にカニ需要は今も拡大しており、それが集荷・加工業者の競争を激化させている。結果として、資金力のない集荷業者が淘汰されている。バナテ町ではＪ氏以外にも集荷業を縮小ないしは停止した者がいる。また、バロタック・ビエホ町のサンフランシスコ村では、それまであったＪ氏につながる集荷ルートがなくなり、カニカゴ漁が縮小されている。地域漁業へのインパクトが少なからずある。

　セブ島を中心に輸出用缶詰を製造する企業があるが、最近、パナイ島のエスタンシアに缶詰工場を新設した企業がある。これは、明らかに資源立地型の工場である。この工場の規模は１日の処理量は2.5～3トンと小さいが、100人以上の従業員が働いている。この工場の特徴は、カニ資源に近いという利点を活かして、カニは鮮魚ないしは茹でたもののみを買い付けている。ピッキングしたものは買い付けないという方針である。この工場は独自に買付ステーションをもつ一方で、バナテ湾地域からも集荷している。

　サイズは４インチ以上を中心に買い付けるようにしている。魚体が小さいと、加工コストが上昇するためである。バナテ湾岸ではカニカゴが多く、サイズが小さなものが多いが、エスタンシア周辺は刺し網漁での漁獲が多い。この工場はセブ島に製品を輸送し、そこを経由してアメリカに輸出している。

　この企業の例からわかるのは、缶詰工場の側も原料確保には苦労しており、資源立地型を志向しつつある。輸出志向型の缶詰産業の拡大が産地にもたらしたインパクトもきわめて大きなものだったが、産地での水揚げや流通の変化が缶詰工場の立地にも大きな影響を与え始めている。

　パナイ島バナテ湾周辺でみるかぎり、輸出市場の拡大によって産地の集荷・加工過程が大きく変わったことが明らかとなった。それが水産資源に対してどのような影響を与えているかは、さらに検討が必要である。

参考文献

Jose A., 2004 *Ingles Status of Blue Crab Fisheries in the Philippines*, INGLES, J.A.,

Yamao,M. et al.2006 *Multi-Functionality of Fishing Community and Ecosystem-based Co-management*,(http://home.hiroshima-u.ac.jp/~yamao/philippine1.pdf)

Yamao, M. 2006 "*Business of Crab Collector and its Impact to Crab Fisheries inthe Banate Bay*", *Progress Report of the Survey in Banate Bay Area No.1*, HiroshimaUniversity

---

[1] タイでは自国民の乗組員が急速に減少し、それを代替しているのが周辺諸国、特にミャンマーやカンボジアからの出稼ぎ労働者である。

[2] Ingles .(2004)

[3] フィリピンの海面漁獲漁業は、小規模漁業と商業的漁業とに分けられている。小規模漁業は、市および町（municipality）が管轄する漁業であり、沿岸から15km以内の海域で3トン未満の漁船等を用いて行われるが、通常、マニシパル漁業と呼ばれる。マニシパル海域内での漁業操業、資源管理、漁民・漁船・漁具の登録や許可、取り締まり等の権限は、市や町の地方自治体(Local government unit, LGU)に帰属している。一方、商業的漁業は3トン以上の漁船を用いて、主に沿岸から15km以遠で操業する漁業で、その登録と許可の権限は農業省(Department of Agriculture, DAE)にある。

[4] エスタンシアに立地していたようなカニ缶詰工場が活発な集荷活動を展開していたことが想像される。

[5] 表の数値とフィリピン側が示した統計数値とは必ずしも一致していない。また、フィリピン側の統計が、輸出が減少傾向を示しているのに対し、表9-2ではむしろ増えている。

[6] Yamao, et al (2006)

[7] 2010年の調査では、カニカゴは1個10ペソであった。

[8] Yamao（2006）

[9] 1kgのカニを蒸すと、0.70-0.85kgになる。この鮮魚換算率0.7kgはイロイロ州では一般的なものである。

[10] この時のカニカゴ1個当たりの価格は、13ペソにまで値上がりしていた。

第10章　ワシントン条約における水産物の管理動向と課題

赤嶺　淳

1　はじめに

　本書の主題でもある、東アジア地域における水産業のダイナミズムを理解し、持続可能な水産業を発展させていくためには、資源保全に関する国際的枠組をおさえておくことが肝要である。本章では、そうした国際的協働体制のひとつとしてワシントン条約に着目してみたい。その理由は、本稿であきらかにするように、近年、同条約では、サメ類やマグロ類など東アジア地域で需要の高い水産物に注目があつまっているからである。

　以下では、まず、同条約の概要と近年の動向を説明したうえで、同条約におけるタツノオトシゴ類とナマコ類の管理について詳述したい。タツノオトシゴ類は漢方薬として、ナマコ類は高級食材として、それぞれ中国を中心に消費されていることは周知のことであろう。こうした魚種をめぐって、CITESがいかなる議論を展開し、いかなる結末にいたったかを記録しておくことは、今後、ますます国際的な関心が高まるであろう漁業対象種の管理をめぐる国際的枠組みの構築に役立つはずである。そして、最後にそうした管理の一端として魚食習慣をもつアジアの消費者兼研究者としてなすべき課題を整理してみたい。

2　ナマコ戦争

「ナマコ戦争」

　戦場は赤道直下の孤島、南米エクアドル領のガラパゴス諸島である。世界を驚かせたこのコピーは、米国の巨大環境 NGO であるオーデュボン協会（National Audubon Society）の喧伝に由来する［Stutz 1995］。

　ナマコ漁が内包する収奪性は、世界の環境保護論者たちの関心を強く喚起し、ガラパゴス諸島という限定された生態系の保全だけではなく、世界のナマコ資源を保護すべく、2002 年に絶滅危惧種の国際貿易を規制するワシントン条約第 12 回締約国会議の俎上にいたった。その後、継続的に議論はつづけられたが、結果的に 2013 年 3 月に開催された第 16 回締約国会議において、「各国の責任において管理する」ことがうたわれ［CoP16 Doc.64 (Rev.1)］、同条約における「ナマコ戦争」は、一応の幕引きをえた［CoP16 Com. I Rec.3 (Rev.1)］。

　誰が、この戦争における勝者であるのかはわからない。しかし、2003 年以来、この問題にかかわってきたわたしとしては、ナマコ類が地先の底棲資源であることを考えると、国際貿易を規制するのではなく、生産国が管理していくことが確認できたことは、当然の帰結のように思われる。

　ナマコ類は温帯から熱帯にかけた海域に 1200 種が知られており、そのなかで乾燥させて商業的に流通しているのは 60 種におよぶ［Purcell 2010］。ナマコ類の特徴は、生産地で消費される習慣がほとんどなく、中国食文化圏という限定市場で消費されることにある［鶴見 1999］。それはその通りであるが、他方、1990 年代以降に顕著となった中国経済の成長に牽引され、世界各地で「ナマコバブル」とでも形容しうる活況が生じている。近年、北海道や青森県で報告されるナマコの密漁や盗難も、また、ガラパゴス諸島の事例も、こうした世界経済の文脈に位置づけることができる［赤嶺 2010］。

3　ワシントン条約

　ワシントン条約は、正式には「絶滅のおそれのある野生動植物の種の国際取引に関する条約」（CITES: Convention on International Trade in Endangered Species of Wild Fauna and Flora）という。1973年に米国のワシントンD.C.で成立したことから、ワシントン条約との通称で知られているものの、一般には、英文の頭文字をとってCITES（サイテス）とよばれている。

　CITESには、2013年9月20日現在で178カ国が加盟しており［CITES n.d.］、現在、国連に加盟する193カ国の92.2パーセントを占めている。ほぼ世界中を網羅する、まさにグローバルな条約なのであり、その実効性が期待される所以である[1]。

　CITESでは、絶滅の危機度に応じて生物種を3段階に区分し、それぞれに異なる管理を義務づけている。絶滅の危機に瀕している生物は附属書Ⅰに掲載され、原則として商業目的の輸出入が禁止されている。ゾウやトラ、ゴリラなど動物園でおなじみの大型哺乳動物の多くが附属書Ⅰ掲載種である。附属書Ⅱに掲載されるのは、現在はかならずしも絶滅の脅威にさらされてはいないものの、将来的に絶滅する可能性のある生物である。附属書Ⅱ掲載種の輸出にあたっては、輸出国政府の管理当局が発行した輸出許可書の事前提出が必要となるし、輸入に際しては輸出許可書の提示が求められる。

　附属書Ⅰと附属書Ⅱへの掲載（と削除）には、2年〜3年に1回開催される締約国会議（以下、CoP: Conference of the Parties）において、白票を除く有効票の3分の2以上の承認を必要とする。他方、附属書Ⅲは、附属書Ⅰや附属書Ⅱとは異なり、締約国が自国内で捕獲採取を禁止あるいは制限している生物に関し、締約国各国の協力をあおぐために独自に掲載することができる。とはいえ、CoPの議決を経ていないため拘束力は限定的である。たとえば、エクアドルは、「ナマコ戦争」の火種となったフスクスナマコ（*Isostichopus fuscus*）を2003年に附属書Ⅲに記載した（ナマコ類で附属書に掲載されているのは、フスクスナマコのみである）。これにともない、フス

クスナマコをエクアドルから輸出しようとすれば輸出許可書が必要となったが、同種を産するメキシコやペルーからであれば、原産地の証明が必要となりはすれ、輸出許可書は不要である。とくにペルーとエクアドルは国境を接しており、その実効性に疑問が残る。事実、ペルーから香港への乾燥ナマコの輸出は、ナマコ戦争が勃発した1995年に突如として開始され、2003年以降、急増している（図10－1）。

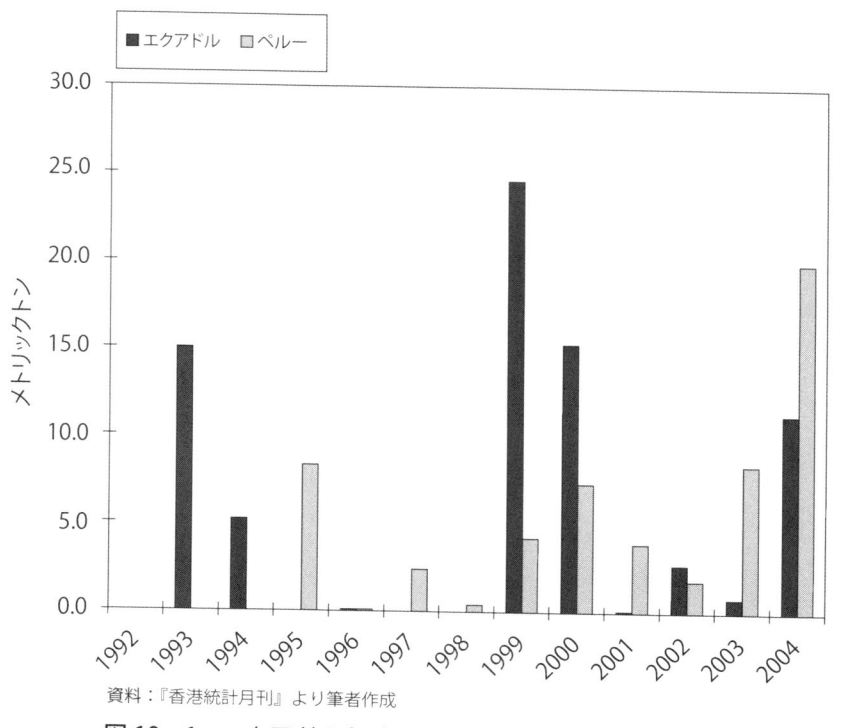

資料：『香港統計月刊』より筆者作成

図10-1　エクアドルとペルーから香港へ輸入された乾燥ナマコ
（1992～2004）

4 ワシントン条約における漁業種の重要性

　CITES のホームページによれば、2013 年 9 月 20 日現在、動物のうち約 5 千種が CITES の管理下にあるという [CITES n.d.]。このうち、附属書 I と附属書 II に掲載されている魚類、18 科 23 属 96 種を表 10-1 にまとめた。なお、2013 年 3 月にバンコクで開催された CoP16 では、あらたにサメ類 5 種（ヨゴレ *Carcharhinus longimanus*, アカシュモクザメ *Sphyrna lewini*, ヒラシュモクザメ *S. mokarran*, シロシュモクザメ *S. zigaena*, ニシネズミザメ *Lamna nasus*）とマンタ類 2 種（*Manta alfredi, Manta birostris*）が附属書 II に掲載されることになった。通常、附属書の改訂は CoP 終了後 90 日をもって発効するが、CoP16 で掲載が決まった板鰓類（サメ類とエイ類）7 種については、関係国がおおく執行体制を構築するために 18 カ月間の猶予が必要ということで、2014 年 9 月 14 日から発効することになっている。

　たしかに種数だけをとりあげると、附属書 I と附属書 II に記載されている魚類は、多すぎるというわけではない。しかし、視点をかえると、ある重要な傾向があらわれてくる。CITES 事務局での勤務経験をもつ保全生態学者の

表 10-1　CITES 附属書 I ならびに附属書 II に掲載されている魚類
（23 属、96 種）

学名	和名	英名	APP.	備考
Cetorhinus maximus	ウバザメ	Basking shark	II	ウバザメ科
Carcharodon carcharias	ホホジロザメ	Great white shark	II	ネズミザメ科
Rhincodon typus	ジンベエザメ	Whale shark	II	ジンベイザメ科
Pristidae spp.	ノコギリエイ類	Sawfishes	I	ノコギリエイ科全種（2 属 7 種）。
ACIPENSERIFORMES spp.	ヘラチョウザメ類、チョウザメ類	Sturgeons	II	附属書 II に掲げる種をのぞくチョウザメ目全種（2 科 6 属 25 種）。
Acipenser brevirostrum	ウミチョウザメ	Shortnose sturgeon	I	チョウザメ科
Acipenser sturio	ニシチョウザメ	Baltic sturgeon	I	チョウザメ科
Anguilla anguilla	ヨーロッパウナギ	European eel	II	ウナギ科
Chasmistes cujus	クイウイ	Cui-ui	I	カトスムス科
Caecobarbus geertsi	カエコバルブス	African blind barb fish	II	コイ科
Probarbus jullieni	プロバルブス	Esok, Seven-striped barb	I	コイ科
Arapaima gigas	ピラルクー	Pirarucu	II	オステオグロッサム科
Scleropages formosus	アジアアロワナ	Asian arowana	I	オステオグロッサム科
Cheilinus undulatus	メガネモチノウオ	Humphead wrasse	II	ベラ科
Totoaba macdonaldi	トトアバ	Totoaba	I	ニベ科
Pangasianodon gigas	メコンオオナマズ	Giant catfish	I	パンガシウス科
Hippocampus spp.	タツノオトシゴ類	Seahorse	II	ヨウジウオ科タツノオトシゴ属全種（47 種）
Neoceratodus forsteri	オーストラリアハイギョ	Australian lungfish	II	ケラトダス科
Latimeria spp.	シーラカンス	Coelacanth	I	ラティメリア科

Source: CITES Species Database [http://www.cites.org/eng/resources/species.html], http://www.trafficj.org/aboutcites/appendix_animals.pdf

表10-2 ワシントン条約附属書Ⅰ
および附属書Ⅱに掲載されている魚類と発効年

学名	和名	附属書	発効年
Acipenser brevirostrum	ウミチョウザメ	Ⅰ	1975
Acipenser sturio	ニシチョウザメ	Ⅰ	1975
Chasmistes cujus	クイウイ	Ⅰ	1975
Probarbus jullieni	プロバルブス	Ⅰ	1975
Scleropages formosus	アジアアロワナ	Ⅰ	1975
Pangasianodon gigas	メコンオオナマズ	Ⅰ	1975
Arapaima gigas	ピラルクー	Ⅱ	1975
Neoceratodus forsteri	オーストラリアハイギョ	Ⅱ	1975
ACIPENSERIFORMES spp.	ヘラチョウザメ類、チョウザメ類	Ⅱ	75/83/92/98*
Latimeria spp.	シーラカンス	Ⅰ	1975/2000*
Totoaba macdonaldi	トトアバ	Ⅰ	1977
Caecobarbus geertsi	カエコバルブス	Ⅱ	1981
Rhincodon typus	ジンベエザメ	Ⅱ	2003
Cetorhinus maximus	ウバザメ	Ⅱ	2003
Hippocampus spp.	タツノオトシゴ類	Ⅱ	2004
Cheilinus undulatus	メガネモチノウオ	Ⅱ	2004
Carcharodon carcharias	ホホジロザメ	Ⅱ	2005
Pristidae spp.	ノコギリエイ類	Ⅰ	2007/2013*
Anguilla anguilla	ヨーロッパウナギ	Ⅱ	2007

Source: CITES Species Database [CITES n.d.]。
注：発効年に複数の年の記載があるのは、附属書の改訂があったため。

　金子与止男は、表1を時系列に整理しなおした興味深い分析をおこなっている（表10-2）。すなわち、(1) CITESが発効した1975年の時点で附属書Ⅰもしくは附属書Ⅱに記載されていた魚類35種は、シーラカンスをのぞき、すべてが淡水魚であった（もっとも、チョウザメの一部はウミチョウザメなど、海から河川への可塑性をもつ）。(2) その後、1970年代と1980年代を通じて附属書に掲載されたのは、わずか2種にすぎない。しかも、この傾向は1990年代を通じて踏襲されていた。ところが、(3) 2002年に開催されたCoP12以降は、海産種を中心に59種（このうち、属のすべてが記載されたタツノオトシゴ類が47種と8割ちかくを占める）が掲載されるにいたっている［金子2010］[2]。

　すべて否決されたとはいえ、2010年3月にカタールで開催されたCoP15

に提案された附属書改正案のうち、魚類の提案が大西洋クロマグロにサメ類8種の合計9種にのぼったことは記憶にあたらしい。しかし、モナコによる大西洋クロマグロの附属書Iへの掲載提案が「賛成20、反対68、棄権30」の大差で否決されたことにはじまり、サメ類の附属書IIへの掲載提案も、すべてが否決された。

たしかにマグロ類もサメ類も野生生物ではあり、CITESが関与すべき動物なのかもしれない。しかし、CoP15の結果は、食料資源でもある水産生物種の管理と利用は、地域漁業管理機関（RFMO: Regional Fisheries Management Organizations）や国連食料農業機関（FAO: Food and Agriculture Organization of the United Nations）などの専門機関に任せるべきだ、との締約国各国の意志表示だとうけとめることができる。と、少なくとも、わたしはそのように考えていた。

ところが、CoP15のほぼ3年後に開催されたCoP16では、提案された7種すべての魚類が附属書に掲載された。CoP15とCoP16の両方に参加して感じたのは、会場の空気がまったく異なっていたということである。CoP15では、各提案について賛否両論のディベートが展開され、オブザーバーとしても熱いディベートを楽しむことができた。しかし、CoP16では掲載提案への賛成意見ばかりがつづき、反対意見はポツポツと「息絶え絶え」であり、ディベートにはなりえなかった。こうしたCITESの空気が激変した背景については、長期的な観察をふまえ、多角的に考察していく必要があるものの、CITESにおける海産物、とくに商業的に利用されてきた種（CEAS: commercially exploited aquatic species）は、今後も重要度を増しつづけるものと思われる。

さて、表10-2にかかげた魚類についてみてみよう。上記3点とはことなる性格が看取できるはずである。シーラカンスはもとより、アジアアロワナもオーストラリアハイギョも、非食用種である。同様にコンゴ盆地の洞窟に生息し、目が退化したカエコバルブスも食用ではない。

他方、クイウイは、米国ネバダ州ピラミッド湖とトゥラッキー川に固有の

淡水魚で、周囲に生活するネイティブ・アメリカ人たちに食されている。カンボジア、ラオス、ベトナム、タイ、マレーシアに生息するプロバブルスも、カンボジア、ラオス、タイ、ベトナムに生息するメコンオオナマズも、こうした国ぐにでは貴重な食料として流通してきた。世界最大の淡水魚として水族館でおなじみのピラルクーは、ブラジル、ペルー、ガイアナに生息し、同地域の先住民にとって貴重な食料である［大橋 2013］。トトアバは、メキシコで食用とされてきた海水魚である。

　こうしてみると、2000年代以前に食用とされてきた魚類のおおくは、生息域が限定的で、（キャビアを産するチョウザメ類を除き）国際貿易というよりは、むしろ、生産国内でローカルに利用されてきたものであることがわかる。これに対して、2002年以降に記載された魚類は、生息域も広汎におよび、その消費は生息域内ではなく、むしろ東アジア市場である。この意味において、国際貿易を規制することで野生生物を保護しようとするCITESが管理するにふさわしい魚種だともいえる。しかし、問題は、こうした魚類は、アジアの「伝統」的商品であったということである。これが、CITESにおける水産物管理の4点目の特徴として指摘できる。

　加えてジンベエザメ（最大体長13メートル）とウバザメ（同10メートル）は、それぞれサメ類のみならず魚類のなかで1、2位の大きさをほこり、その大きさだけでも、感動を誘い、圧倒される存在でもある。とくにジンベエザメは、その愛嬌ある体形とおだやかな性格から、水族館の人気者でもある。最大体長2メートルにもなる、ナポレオンフィッシュも、ダイバーや水族館で人気の魚類である。広東語で蘇眉（ソーメイ）と呼ばれる同魚は、はちきれんばかりのゼラチンがつまった口唇が特徴であり、このゼラチンに大枚をはたく食通も少なくない。タツノオトシゴは漢方薬の原材料とされているが、この奇妙な魚類も、そうであるだけにいとしく、保護すべき対象ともなりうる。つまり、巨大であり、かつ、奇妙な動物であるからこそ、環境保護のシンボル（エコ・アイコン）たりうるのである。つまり、「思想」や「感情」が、利用か保護かという問題に影響をあたえていること、これが第5点目の特徴である。

まとめよう。(1) ワシントン条約が発効した1975年の時点で附属書Iもしくは附属書IIに記載されていた魚類は35種にのぼり、そのほとんどすべてが淡水魚であった。(2) その後、1990年代末までにあらたに附属書に掲載されたのは、わずか2種にすぎなかった。(3) 2002年以降は、海産種を中心に59種が掲載されるにいたっている。(4) 過去10年間に掲載された魚類は広範囲に生息している一方で、その消費は、ほぼアジア地域に限定されている。(5) こうした魚類には、野生生物保護のシンボルとして機能するものがおおい。

5　CITESにおけるタツノオトシゴ類のあつかい

　タツノオトシゴ類がCITESの俎上にのぼったのは、2000年4月のCoP11においてであった［CoP11 Doc. 11.36］。米国は「締約国、科学者、関係する産業とコミュニティ間の対話を推進し、タツノオトシゴ類研究を促進し、国際貿易に関するデータ収集」を目的に、「タツオオトシゴ類の貿易」と題する文書を豪州と共同で提出した［Doc. 11.36］。本文書で両国政府は、現時点での調査研究が不十分であることを認め、それ故に関係者間対話の必要性を主張した。これをうけ、タツノオトシゴ類についての作業部会（WG: working group）が発足し、同作業部会の提案で、タツノオトシゴ類の管理に関するワークショップ（WS: work shop）を開催し、その結果を動物委員会が次回CoP12までに講評することとなった［決定11.97; 決定11.153］[3]。

　CITESのCoPは2〜3年に1度開催されるため、その間にさまざまな文書を整理・検討するのは、毎年開催される各種の委員会である。タツノオトシゴ類の場合には、動物委員会（以下AC: Animals Committee）が、その任にあたった。CoP11後に初めて開催されたAC16（2000年12月）において作業部会が設置され、タツノオトシゴ類を中心とした沿岸海洋生態系の保護を目的とした国際NGO・Project Seahorse(プロジェクト・シーホース)代表で、海洋生物学者のアマンダ・ビンセント（Amanda Vincent）氏が議長に就任した。この作業部会の目的は、CoP11で確認された情報交換

のための WS の詳細を議論することにあった［AC16 Proceedings: 15, 51］。AC16 では、2001 年の 7 月～9 月にアジアで開催されることが決定された。それは、生産にしろ、消費にしろ、タツノオトシゴ類の関係国がアジアに集中しているためであった［AC16 Proceedings: 49］。

　しかし、翌 2001 年 7 月末にハノイで開催された AC17 の時点でも、WS 開催の目処はたっていなかった。それは、WS を開催するための予算的裏づけがなかったからである。というのも、AC17 の時点では、最低でも必要とされる 65,000 ～ 70,000 米ドルのうち、豪州からの 10,000 米ドルと米国からの 23,000 米ドルの合計 33,000 米ドルしか目処がたっていなかった［AC17 Doc. 18.1: 2］。こうした事情から、AC17 では、予定を変更し、「2002 年の早い時期にフィリピンで開催」されることが報告された［AC17 Doc. 18.1］。CoP12 以前にワークショップの成果を AC で検討するとすれば、それは 2002 年 4 月に開催が予定されていた AC18 の場でしかありえず、AC18 で議論するためには、AC18 開催 90 日以前に関係書類を事務局に提出しなければならず、そこから逆算すると、2002 年 1 月に開催するしか選択がなかったという組織的事情があったからである［AC Summary Report: 50］。

　ところが、本来であれば WS の成果を検討するはずであった AC18 の時点（2002 年 4 月）でも、CITES 事務局は、上記の 33,000 米ドルにくわえ、Hong Kong Chinese Medicine Merchants Association からの 2,500 米ドルと国際動物福祉基金（IFAW）からの 5,000 米ドルの、合計 40,500 米ドルしか確保できていなかった［AC18 Doc. 18.1: 2］。そのため AC17 以降、CITES 事務局とフィリピン政府とのあいだで、「2002 年 2 月 18 日～ 22 日の 4 日間、セブ島で開催」されるというように具体的な日程も決まっていたにもかかわらず、その時期には、予算不足で実施できなかった。そこで AC18 では、「2002 年 5 月 27 日から 29 日にかけてセブで開催される」とされた［AC18 Summary Report: 79-81］。しかも、当初、WS には 4 日間必要とされていたものの［AC17 Summary Report: 51］、結果的には予算削減

の都合から3日に短縮せざるを得なかった。

決定11.97は、ACに対し、WSの成果を盛りこみ、CoP12においてタツノオトシゴ類の管理に関するたたき台を提出することを義務づけた。この決定に対し、ACが2002年10月1日にCITES事務局に提出した文書が、CoP12 Doc. 43である。

CoP12 Doc. 43には、たしかにWSの成果が要約されている［CoP12 Doc. 43: 10-12］。しかし、「WSで発表され、また作成された資料は、近日中にCITESのWEBサイトで閲覧可能とする」とあるが［CoP12 Doc. 43: 10］、この原稿を書いている2013年9月末現在、そうした文書は公開されていない。したがって、WSの詳細は、CITESのWEBサイトから入手できる資料を読むかぎりでは、総予算も、参加者も議論された内容もあきらかではない[4]。

ACは、CoP12 Doc. 43において、「タツノオトシゴ類の生態と貿易の実態について、ほとんどあきらかにされていないうえ、現時点で豪州だけが適切な管理をしているだけで、それ以外の加盟国では管理がほとんどなされていないことを問題視し、一部の種についてはCITESの附属書Ⅱに掲載すべきである」との結論をくだしている［CoP12 Doc. 43: 12］。

結果として、米国政府による提案12.37は、2002年11月13日の午前中に開催された第1委員会の第12セッションにて投票に附され、「賛成75、反対24、棄権19」で可決された［CoP12 Com. I Rep. 12 (Rev.): 4］。

注意すべきことは、この時点では、まだNon-detriment Findings（NDF）と称される「対象分類群の存続をおびやかさないような根拠」が明確になっていなかったことである。事実、CoP12で採択された決定12.54は、「動物委員会は、タツノオトシゴ類の順応的管理に必要となる捕獲可能な体長制限を確認するとともに、予防策としてNDFについての所見を用意しなくてはならない」としている。この不足を補うため、通常は附属書改正案が承認された90日後から効力が発効する附属書掲載であるが、タツノオトシゴ類の場合にかぎっては、異例の18カ月後の2004年5月15日からの施行とされ、

その間、さらなる調査を継続するという条件が附されての採択となった。表10-2において、おなじく CoP12 で附属書Ⅱに掲載されたジンベエザメとウバザメと記載年がことなるのは、こうした事情によっている。

　CoP12 での附属書Ⅱ掲載をうけて開催された AC19（2003 年 8 月）において米国は、タツノオトシゴ属の附属書Ⅱ掲載が、同生物の持続可能な貿易を保証するために機能するような環境整備のため WS を開催し、より実践的・実務的な知的交流の場とする計画を表明した［AC19 Doc. 16.1］。

　くわえて AC19 では、プロジェクト・シーホースから体長制限ほかの資源管理のための具体策と NDF についての提案もなされた［AC19 Doc. 16.2］。体長制限は種ごとに提示されるべきであることは承知のうえで、短期的な措置として予防原則的にタツノオトシゴ属 32 種にあてはめる基準として 10 センチメートル以上で合意にいたった［AC19 Doc. 16.2］[5]。CoP13 開催前の翌 AC20（2004 年 4 月）では、「AC19 以降に入手可能な新たな科学的見地はない」という理由で、AC19 で合意された体長 10 センチメートルの制限が再確認され［AC20 Doc. 17］、今後あらたな科学的見地が入手できた際には再吟味することを条件に、AC 案として CoP13 へ提案することが決まった［AC20 Summary Report: 20-21］。CoP13 の第 1 委員会では AC 案が無修正で承認され［CoP13 Doc. 9.1.1: 11］、CITES 事務局からその旨が 2004 年 4 月 30 日付けの通知（Notification）2004/033 として締約国に通知され、今日にいたっている。

6　ワシントン条約におけるナマコ問題

　ナマコ類に関する CITES の文書一覧を表 10-3 にかかげる。現在、CITES の規制をうけるナマコ類は、拘束力の限定的な附属書Ⅲに記載されているフスクスナマコのみである。先述したように、これはガラパゴス諸島での違法操業を問題視したエクアドル政府が、2003 年に記載したものである（前掲の表 10-1 と表 10-2 は附属書Ⅰと附属書Ⅱに記載された魚類のみである。ナマコは棘皮動物であり、CEAS ではあっても魚類ではない）。

CoP11でのタツノオトシゴ類同様に、CoP12で米国は、「ナマコを附属書Ⅱへ記載することによって、ナマコ資源が保全されうるのかどうかを議論」することを提案した［CoP12 Doc.45］。これをうけ、CoP12では、ナマコ資源の利用実態をあきらかにするためのワークショップの開催が決まり、その成果を次回CoP13までに吟味することがACに義務づけられた［決定12.60］。

表10-3　CITESにおけるナマコ関連文書一覧

年	月	会合	文書	頁	起草者	文書名	開催地
2002	11	CoP12	Doc. 45	pp. 28	米国	Trade in sea cucumbers in the families Holothuridae and Stichopodidae	サンチャゴ
			Com. I, Rep. 2	pp.2-3	第1委員会	Trade in sea cucumbers in the families Holothuridae and Stichopodidae (working group's draft decision)	
			Des. 12.60				
			Des. 12.61				
2003	8	AC19	Doc. 17	pp. 5	事務局	Conservation of and trade in sea cucumbers in the families Holothuridae and Stichopodidae (Decision 12.60)	ジュネーブ
			WG9 Doc.1 (AC19 Summary Report)	pp.65-66	AC	Conservation of and trade in sea cucumbers	
2004	3	KL WS				Technical Workshop on the Conservation of Sea Cucumbers in the Families Holothuridae and Stichopodidae (Decisions 12.60 and 12.61)	クアラルンプール
	3/4	AC20	Doc. 18	pp. 3	AC	Conservation of and trade in sea cucumbers in the families Holothuridae and Stichopodidae (Decisions	ヨハネスバーグ
			Inf. 14	pp. 30	AC	Conservation of and trade in sea cucumbers in the families Holothuridae and Stichopodidae (Decisions	
			WG7 Doc. 1	pp. 5	AC	Conservation of and Sea Cucumbers in the families Holothuridae and Stichopodidae (Decisions 12.60 and	
	11	CoP13	Doc. 37.1	pp. 5	AC	Trade in sea cucumbers in the families Holothuriidae and Stichopodidae	バンコク
			Doc. 37.2	pp. 3	エクアドル	Implementation of Decision 12.60	
			Des. 13.48				
			Des. 13.49				
2005	5	AC21	Doc. 17	pp. 2	AC	Sea Cucumbers	ジュネーブ
			WG5 Doc. 1(Rev. 1)	pp. 2	AC	Sea Cucumbers	
2006	7	AC22	Doc. 16	pp. 29	事務局	Sea Cucumbers	リマ
			Inf. 14	pp. 5	Toral-Granda	Summary of FAO and CITES workshops on sea cucumbers: major findings and recommendations	
			Proceedings of the KL W	pp. 244	Bruckner ed.	Proceeding of the CITES workshop on the conservation of sea cucumbers in the families Holothuriidae and Stichopodidae 1-3 March 2004. Kuala Lumpur, Malaysia.	
2007	6	CoP14	Doc. 62	pp. 33	AC	Sea Cucumbers	ハーグ
			Com. I. 1	pp. 2	事務局	Draft decision of the Conference of the Parties on Sea cucumbers	
			Des. 14.98				
			Des. 14.99				
			Des. 14.100				
			WG6 Doc. 1	p. 1	作業部会	Sustainable use and management of sea cucumber fisheries (Agenda item 16).	
2010	3	CoP15	Des.14.100 (Rev. CoP15)			Sea cucumbers	ドーハ
2011	7	AC25	Doc. 20	pp. 2	事務局	SEA CUCUMBERS [DECISION 14.100 (REV. COP15)]	ジュネーブ
2012	3	AC26	Doc. 19	pp. 3	事務局	SEA CUCUMBERS [DECISION 14.100 (REV. COP15)]-Report of the working group	ジュネーブ
			DG1 Doc. 1	p. 1		SEA CUCUMBERS [DECISION 14.100 (REV. COP15)] (Agenda item 19)	
2013	3	CoP16	Doc. 64 (Rev. 1)	pp. 2	AC	Sea Cucumbers	バンコク
			Com. I Rec.3 (Rev. 1)	p. 2	第1委員会	Interpretation and implementation of the Convention, Species trade and conservation, 64. Sea cucumbers	

出所：著者作成

ワークショップ開催にむけての作業は、CoP12直後のAC19（2003年8月）から開始され［AC19 Doc.17］、2004年3月に「クロナマコ科とシカクナマコ科のナマコ類の保全に関する専門家会議（決定12.60と決定12.61）」（Technical Workshop on the Conservation of Sea Cucumbers in the Families Holothuridae and Stichopodidae（Decisions 12.60 and 12.61））と題してマレーシアのクアラルンプールで開催された[6]。しかし、決定12.60がもとめるように、ACには同年10月に開催されたCoP13で成果報告をおこなう時間的余裕はなかった。結局、AC20（2004年4月において、米国がCITES事務局と協力して報告書をまとめることだけが決まった［AC20 Summary Report: 22］。

　そこでCoP13は、エクアドルからの提案を採用し［CoP13 Doc.37.2］、ACに対してCoP14（2007年6月）までに議論のたたき台を作成しておくことを再度、義務づけた（決議13.48）。この原案を作成するにあたり、AC21（2005年5月）では、ワークショップのまとめをコンサルタントに依頼することが決まり［AC21 WG5 Doc.1］、2006年7月に開催されたAC22においてA4判28頁におよぶ資料が配布された［AC22 Doc.16］。

　CoP14では、関係者からなる作業部会が組織され、あらかじめACが作成していた決議案原案の修正がおこなわれた[7]。CoP14での決定では、関係各国に資源管理策の策定をもとめる一方、同条約による規制が漁業者の生活へおよぼすであろうインパクトも考慮することが義務づけられたし（決定14.98）、ACに対しては、あらたにFAOが主催するナマコ資源の持続的利用に関するワークショップの成果を取り込むことが課された（決定14.100）。

　FAOによるワークショップは、2007年11月19日〜11月23日に「ナマコ資源の持続的利用とナマコ漁の管理のためのFAO専門家会議」（FAO Technical Workshop on Sustainable Use and Management of Sea Cucumber Fisheries）と題してガラパゴス諸島のプエルト・アヨラで開催された。同ワークショップの報告書が2008年11月に刊行されたことをうけ、2009年4月にジュネーブで開催されたAC24においてナマコに関するワーキンググ

ループが設置され、FAO 会議の報告書にもとづいた議論がなされた［AC24 WG6 Doc. 1］[8]。

参加したのは、カナダ、中国、日本、サウジアラビア、米国の5カ国と IGO の欧州共同体（European Community）に NGO のアーストラスト（Earthtrust）、スワン・インターナショナル（SWAN International）、TRAFFIC の3団体で、米国国務省のナンシー・デイビス（Nancy Davis）氏が議長をつとめた。同作業部会では、（1）FAO のガラパゴス会議の中心課題が CITES の附属書掲載をめぐる可否にあったわけではなく、より広義の資源管理の方策にあったこと、（2）そのため同報告書には CITES の附属書掲載についての提言が直接的になされていないことが確認され、（3）作業部会として同報告書の評価はくだしがたいとの結論にいたった。しかし、ガラパゴスの事例を分析した論文は検討にあたいするものであり、CITES 事務局に対し、「FAO の報告書の要約とともにガラパゴスの事例研究についての要約をおこなうこと」を提案した［AC24 WG6 Doc.1］。

FAO の報告書でガラパゴスの事例について考察したベロニカ・トラル＝グランダ氏は、AC22 における議論のたたき台を作成した研究者でもある。彼女は 1995 年に勃発した「ナマコ戦争」の体験者であり、その体験からナマコ保全の研究にうちこむことになったという［ニコルズ 2007］。同報告書において彼女は、個人的な意見としながらも、「違法操業や密輸についての監視体制がととのっていない状況では、CITES は機能しえないとし、エクアドルのような途上国政府にとっては、そうした監視体制の強化も政治経済的な重荷となる」と CITES 附属書掲載についての消極的な展望をのべている［Toral-Granda 2008: 250］。

しかし、その後、AC としての意見を集約できず、2010 年 3 月にカタールのドーハで開催された CoP15 でも、ナマコ類の管理問題は、継続審議となった。その事情は、つづく AC25（2011 年 7 月）も同様であった。AC には、これまでに附属書 II に掲載された動物のなかから大量に取引されている種を監視する仕事（RST: Review of Significant Trade）が課されており、CoP を

重ねるごとに増えていく野生動物の国際貿易モニタリングの評価だけでも大変なのに、まだ記載されてもいないナマコ類の問題は議論する余裕などないのが実情であった。

2012年3月に開催されたAC26において、「ナマコ類は各国の責任で管理すること」が確認され、2013年3月のCoP16においてACの提案が採択されたことは、冒頭に述べたとおりである。

7　おわりに

2002年11月のCoP12での米国による問題提起から10年間、CITESでは議論らしい議論がないままに結果的にFAOの報告書に依拠するかたちで「ナマコ戦争」は幕引きをむかえてしまった。CoP12で附属書IIに掲載されたタツノオトシゴ類は、2009年4月に開催されたAC24でRST（大量取引の監視）の対象とされ、AC25以降、国際取引の実態がACにおいて吟味されている。このことは、NDFの適切さをはじめ、科学当局による管理が不適切と判断された場合、貿易停止措置（trade suspension）もありうることを意味している（事実、ベトナムは2013年5月2日から *H. kuda* (common seahorse、クロウミウマ) の貿易停止とされている ［Notification 2013/013］)。

ナマコ類とタツノオトシゴ類との管理の差異は、いったい、どこに由来するのであろうか？

どちらも、まずCoPで問題提起され、CITESがワークショップを開催した点は共通している。しかし、タツノオトシゴ類の場合は、NGOのプロジェクト・シーホースがワークショップも主導したし、ACでも積極的に発言してきた。他方、ナマコ類の場合は、ワークショップの開催まではCITESが主導したものの、それ以降はFAOが主催した専門家会議の結果に依拠した点でことなっている。ナマコ類の場合、プロジェクト・シーホースに比肩するナマコ類の保全運動に特化した研究者やNGOが存在しないことも、大きなちがいである。

これは、構造的な問題でもある。というのも、ナマコ類の議論に10年もかかったように、無脊椎動物から脊椎動物まですべての動物の管理をになうはずのACは、仕事量がおおく、個別の種の詳細まで関与する余裕がない、というのがAC23以来、オブザーバーとしてACを観察してきたわたしの感想である。だとすると、ACにかわって、誰が科学情報を吟味するのかが、問題となる。タツノオトシゴ類のようにNGOの場合もあれば、ナマコ類のようにFAOのような国連機関の場合もある。もちろん、どちらがよい、わるいの問題ではない。プロジェクト・シーホースのように専門性の高いNGOも存在する以上、さまざまな関係者の協働こそが必要だといえる。

　しかし、野生生物の保全にとって、CITESがどれほど有効に機能しうるのかは、実は、今後、検証されるべき課題でもある。たとえば、タツノオトシゴ類については、『タツノオトシゴ類のCITES掲載が種の状態とフィリピンにおける人びとの健全なくらしにあたえた影響』と題したFAOの報告書がある［Christine *et al.* 2011］。フィリピン国内の法的枠組みを整理し、かつ現地調査をふまえた同書によれば、タツノオトシゴ類の附属書Ⅱへの掲載は、本来、国際貿易の実態を把握し、管理の仕組みを創出するには役立つはずであるが、附属書掲載種の採取と取引を全面禁止しているフィリピンの場合には、そうしたCITESの枠組み自体が機能しえない可能性を指摘し、CITESがめざす管理体制の履行とタツノオトシゴ類の保全について、フィリピンをふくむ生息国間の比較研究の必要性を訴えている。

　附属書Ⅱ掲載種は、商業的取引を禁止された附属書Ⅰ掲載種とはことなり、輸出許可書があれば輸出入が可能である。またCITESは野生生物の国際取引を規制する条約であるため、人工的に繁殖・養殖されたものは、輸出入が可能である。事実、今日でも香港やシンガポール、広州市などをはじめとした東アジアの主要都市では、乾燥したタツノオトシゴ類をみかけることも少なくない。もちろん、これらが養殖されたものであるならば、問題はない。しかし、これらを販売する店頭でインタビューしてもCITESの存在自体を知らない（あるいは知らないふりをみせる）場合も少なくなく、FAOの報

告書が危惧するように、これらが密輸品である可能性も否定できない。

　縁あって、わたしは現在、マレーシアはサバ州の州都・コタキナバルで生活している。ここの市場には、CoP16で附属書Ⅱへの掲載が決まったシュモクザメ類がたくさん水揚げされている。市場で、わたしたち消費者に販売されているシュモクザメのヒレは、すでに切られている。そうしたフカヒレが、輸出されるのか、国内で消費されるのかはわからない。しかし、注意すべきは、ツマグロなどと同様、シュモクザメ類の魚肉が、現地で消費されていることである。サメ類の価格は皮をはいだものが、キログラムあたり10リンギット（およそ310円）である。これはキハダマグロと同等の位置づけであり、ロウニンアジなどのように高級魚ではないが、高すぎずもなく、安すぎもしない中程度の部類に属する価格である。市場で訊いたかぎりでは、唐揚げでもいいし、カレーやシナゴール（sinagol）という茹でた身をほぐし、ココナツミルクと柑橘類のジュースとあえた料理でもよいという。実際、わたしも各種のシュモクザメ料理を試してみたが、やわらかいなかに歯ごたえがあり、実に美味しかった。

　なにも、フカヒレ採取を正当化するためにサメ肉食を推奨しようというのではない。コタキナバル市場では、サメ類を販売する店でエイ類も販売しているのが一般的である。マグロ・カツオ類やアジ類、各種のハタ類などと同様に、コタキナバルでは、そうした板鰓類も人びとの人気魚種であることは間違いない。CITESが規制する輸出用か、CITESの管轄外にある国内消費かの問題ではない。せっかくの漁獲物を無駄なく多角的に利用し、それぞれの付加価値を高めていくことが、水産資源全体の保全につながるのではなかろうか。

　今後は、CITESで規制されている水産種の利用について、アジア域内の多様性を発掘しながら、人間と野生生物の多様な関係性を明らかにするとともに、そうしたマクロな見取り図をもとに、より実質的で効果的な管理体制の構築に貢献していきたい。

参考文献

赤嶺淳 1999 「南沙諸島海域におけるサマの漁業活動——干魚と干ナマコの加工・流通をめぐって」、『地域研究論集』2(2)、pp.123-152

赤嶺淳 2000 「熱帯産ナマコ資源利用の多様化——フロンティア空間における特殊海産物利用の一事例」、『国立民族学博物館研究報告』25(1)、pp.59-112

赤嶺淳 2001 「東南アジア海域世界における資源利用——環境変化と適応性をめぐって」、『社会学雑誌』18、pp.42-56

赤嶺淳 2002 「ダイナマイト漁民社会の行方——南シナ海サンゴ礁からの報告」、秋道智彌・岸上伸啓編、『紛争の海—水産資源管理の人類学』、人文書院、pp.84-106

赤嶺淳 2003 「干ナマコ市場の個別性——海域アジア史再構築の可能性」、岸上伸啓編、『先住民による海洋資源利用と管理』、国立民族学博物館調査報告 46、国立民族学博物館、pp.265-297

赤嶺淳 2010 『ナマコを歩く——現場から考える生物多様性と文化多様性』、新泉社

Bruckner, Andrew W. ed. 2006. *Proceedings of the CITES workshop on the conservation of sea cucumbers in the families* Holothuridae *and* Stichopodidae: *1-3 March 2004 Kuala Lumpur, Malaysia.* NOAA technical memorandum NMFS-OPR-34. Washington, D.C.: U.S. Department of Commerce.

Christie, Patrick, Enrique G. Oracion, and Liza Eisma-Osorio. 2011. *Impact of the CITES Listing of Sea Horses on the Status of the Species and on Human Well-being in the Philippines.* FAO Fisheries and Aquaculture Circular No. 1058. Rome: FAO.

CITES. n.d. "The CITES Species," http://www.cites.org/eng/disc/species.shtml（2013 年 9 月 20 日取得）.

Food and Agriculture Organization of the United Nations (FAO). 2010. *Putting into Practice an Ecosystem Approach to Managing Sea Cucumber*

Fisheries. Rome: FAO.

金子与止男 2010「水産資源をめぐるワシントン条約の近年の動向――ミニシンポジウム記録 板鰓類資源の保全と管理における現状と課題」『水産学会誌』76(2)、pp.263-264

中野秀樹 2007『海のギャング サメの真実を追う』、ベルソーブックス28、成山堂書店

Nicholls, Henry. 2006. *Lonesome George: The Life and Loves of a Conservation Icon*. New York: Macmillan（＝ 2007, 佐藤桂訳、『ひとりぼっちのジョージ――最後のガラパゴスゾウガメからの伝言』、早川書房。）

大橋麻里子 2013「姿を消した魚ピラルク」、『月刊みんぱく』2013年7月号、pp.6-7

Purcell, Steven. 2010. *Managing Sea Cucumber Fisheries with an Ecosystem Approach*. FAO Fisheries and Aquaculture Technical Paper 520. Rome: FAO.

Purcell, Steven, Yves Samyn, and Chantal Conand eds. 2012. *Commercially Important Sea Cucumbers of the World*. FAO Species Catalogue for Fishery Purposes No. 6. Rome: FAO.

Stutz, Bruce. 1995. "The sea cucumber war." *Audubon*, May-June 1995: 16-18.

Toral-Granda, Veronica. 2008. "Galapagos Islands: A hotspot of sea cucumber fisheries in Latin America and the Caribbean." In Toral-Granda *et al*. eds. 2008: 231-253.

Toral-Granda, V., A. Lovatelli, and M. Vasconcellos eds. 2008. *Sea Cucumbers: A Global Review of Fisheries and Trade*. FAO Fisheries and Aquaculture Technical Paper 516, Rome: FAO.

鶴見良行 1999『ナマコ』鶴見良行著作集9、みすず書房

1) 台湾は締約国ではないため、台湾政府関係者は SWAN International という NGO としてオブザーバー参加している。
2) CITES においてサメ類の管理が最初に議題となったのは、1994 年に米国で開催された CoP9 であり、提案国は米国であった。その後 CoP11 において再提案され、今日にいたっている。CITES にかぎらず、サメ類管理のエコ・ポリティクスは、水産資源学者・中野秀樹の著書［中野 2007］にくわしい。
3) CITES では、会議の決定事項に Decision と Resolution とがあり、日本語訳としては、前者に「決定」、後者に「決議」をあてることになっている。
4) AC18 で危惧された予算の不足分は、オランダ、英国、NOAA、WWF 米国／TRAFFIC 北米（WWF-US/TRAFFIC North America）、WWF 国際種計画（WWF International Species Programme）が提供した［Doc. 43: 10］。
5) タツノオトシゴ類は、その後、分類が進み、2011 年 7 月の AC25 の時点では 47 種が確認された。
6) クアラルンプール会議の報告書は、Bruckner ed.［2006］を参照のこと。レターサイズ判 244 頁におよぶ報告書は米国商務省海洋大気庁（NOAA: National Oceanic and Atmospheric Administration）の刊行物として出版された。ワシントン条約に関係する NOAA の出版物のほとんどがインターネットで入手できるものの、2013 年 9 月 20 日現在、本報告書はインターネットで入手できる状況にない。なお、事業予算 80,000 米ドルとみつもられた事業予算のうち、CITES 事務局が 20,000 米ドルを用意し［AC19 Doc.17: 2］、それ以外の資金は、NOAA とマレーシア政府、TRAFFIC 東南アジアが提供した［Bruckner ed. 2006: iii］。NOAA がどれほど負担しかのかは開示されていないが、大部分を NOAA が提供しているとすれば、報告書を WEB 上で公開しない理由が気になるところである。
7) ナマコ類保全作業部会の構成は、中国、エクアドル、フィジー、アイスランド、インドネシア、日本、ノルウェー、韓国、米国に、オブザーバーとして IGO（政府間機関）の FAO、東南アジア漁業開発センター（SEAFDEC）、NGO の IWMC World Conservation Trust、Species Management Specialists、TRAFFIC が参加した。議長は欧州共同体から選出され、開催国オランダの外務官僚がその任にあたった［CoP14 Com. I, Rep.2 (Rev.1), p.2］。
8) FAO による、この会議の成果物には、Purcell［2010］と FAO［2010］、Purcel *et al.* eds［2012］もある。

第11章　観賞用魚の国際物流

第 11 章　観賞用魚の国際物流

山下東子

1　はじめに

　「生きている魚」は水産物貿易統計の最初に出てくる品目である。生きている魚には食用（活魚）、食用魚の稚魚（ウナギ）と並んで観賞用魚がある。表 11-1 に示すように、日本は観賞用魚の貿易においては 12 億円の輸出超過があり（2013年）、こいや金魚を中心として海外への輸出が盛んである。本章ではこうした観賞用魚の生産と貿易に着目し、アジア諸国における分業と競争のダイナミズムを明らかにすることとする[1]。以下では、2　日本の観賞用魚の貿易、3　世界の貿易トレンド、4　輸出元（マレーシア、シンガポール）の状況について述べる。

表 11 － 1　水産物貿易と観賞用魚の貿易（2013 年）

輸入	千円	輸出	千円
水産物輸入計	1,501,227,172	水産物輸出計	210,475,409
観賞魚輸入計	1,789,034	観賞魚輸出計	2,996,030
観賞魚シェア	0.119%	観賞魚シェア	1.423%

出所：財務省　貿易統計より作成

2　日本の観賞用魚の貿易

1）輸出

　日本は年間 260 トン 29 億円（2013 年、以下同じ）の観賞用魚を輸出している。貿易統計からその傾向を見てみると、表 11 － 2 に示すように、こいと金魚の輸出先はそれほど多様ではなく、数カ国に限られている。アジア

諸国のほか、ドイツに輸出している。こいと金魚以外の観賞用魚[2]についてはより多様な輸出先があるが、香港、オランダ、ドイツへの輸出量が多いことからそれらが中継地としての役割を果たしていると考えられる。金額としては、こいと金魚以外の観賞用魚が輸出の太宗を占めている。

表11-2 金魚、こい、観賞用魚の輸出（2013年）

	輸入国	kg	千円	金額シェア
金魚	Hong Kong	105	5,652	49.5%
	Thailand	124	3,018	26.4%
	Singapore	116	1,682	14.7%
	Germany	40	794	7.0%
	Malaysia	18	266	2.3%
	Total	403	11,412	100.0%
こい	Hong Kong	480	13,786	96.4%
	USA	120	510	3.6%
	Total	600	14,296	100.0%
観賞用の魚（金魚以外）	Korea	1,704	17,390	36.3%
	Denmark	41	5,954	12.4%
	Netherland	502	5,140	10.7%
	Singapore	475	4,988	10.4%
	USA	377	4,228	8.8%
	France	43	3,920	8.2%
	Taiwan	45	2,602	5.4%
	Hong Kong	75	2,464	5.1%
	other 3	114	1,166	2.4%
	Total	3,375	47,852	100.0%
その他観賞用魚	Hong Kong	68,553	1,186,061	40.6%
	Netherland	73,138	287,963	9.9%
	Germany	27,548	278,098	9.5%
	Indonesia	9,942	247,742	8.5%
	USA	17,292	178,462	6.1%
	Thailand	11,851	149,607	5.1%
	Malaysia	8,656	136,514	4.7%
	UK	16,618	136,367	4.7%
	other25	21,756	321,656	11.0%
	Total	255,354	2,922,470	1000%
Grand Total		259,733	2,996,030	

出所：財務省　貿易統計による。対応する品目番号は金魚：0301.10-100、
　　　こい：0301.93-000、観賞用の魚（金魚以外の淡水魚）：0301.10-900、
　　　その他観賞用魚：0301.19.000

2）輸入

日本は年間122トン18億円の観賞用魚を輸入している。このうちこい及び金魚が1億円強を占め、その他が17億円を占める。表11-3に示すようにこい及び金魚の輸入先は5カ国のみであり、それらの中の4カ国は輸出先と同一である。その他の観賞用魚は46カ国・地域から輸入している。ただし、インドネシア、シンガポール、ブラジル、コロンビアからの輸入が全体の6割を占める。

輸入先として、東南アジア諸国以外では南米の国々が名を連ねている。コロンビア、ブラジルはアマゾン川流域であり、アマゾンの淡水魚が貿易されていると推察される。ただし、それらが野生種のままであるか、養殖魚であるのかは不明である。後述するように、シンガポールやマレーシアには、アマゾンの淡水魚を輸入したうえで養殖により数を増やしたり、掛け合わせて

表11-3 こい及び金魚、観賞用魚の輸入（2013年）

区分	国	kg	千円	金額シェア
こい・金魚	China	3,020	67,469	53.3%
	Singapore	1,352	28,682	22.7%
	Malaysia	993	14,672	11.6%
	Thailand	957	14,503	11.5%
	Hong Kong	128	1,278	1.0%
	Total	6,450	126,604	100.0%
上記以外の淡水観賞用魚	Indonesia	14,252	83,317	28.3%
	USA	4,202	64,172	21.8%
	Philippines	5,980	38,847	13.2%
	Australia	334	18,157	6.2%
	Brazil	1,677	18,024	6.1%
	Marshall	1,070	16,615	5.6%
	other25	6,275	55,462	18.8%
	Total	33,790	294,594	100.0%
その他観賞用の魚	Singapore	18,606	318,506	23.3%
	Indonesia	17,997	266,838	19.5%
	Brazil	9,080	201,192	14.7%
	Columbia	10,678	164,764	12.0%
	Peru	4,076	83,063	6.1%
	Malaysia	3,706	64,103	4.7%
	other31	17,694	269,370	19.7%
	Total	81,837	1,367,863	100.0%
Grand Total		122,077	1,789,034	

出所：財務省　貿易統計による。品目番号はこい及び金魚：0301.10-010、
上記以外の淡水観賞用魚（こい及び金魚以外のもの）：0301.10-020、
その他観賞用魚：0301.19.000。

写真11－1　インドネシア・ジャカルタの観賞用魚市場 Taman Pariwisata Dki
（2010年2月　筆者撮影）

新色を作り出すビジネスが存在する。またアフリカ諸国は表11-3では「その他」に含まれてしまっているが、ギニア、ナイジェリア、コンゴ共和国、コンゴ民主共和国などからそれぞれ年間600〜800万円の輸入がある。

　インドネシアからの輸入が多いことから、インドネシアが大規模な養殖生産地であることが推察される。卸問屋街ではこい、アロワナなどの魚類のみならず、海水性の珊瑚も販売されている。

3　世界の貿易トレンド

1）　観賞用魚の輸出

　観賞用魚の生産は、天然資源の採捕 (wild catch) と完全養殖（captive breeding）の2つの方法によっている。Fossa(2007:13-14) によると、観賞用魚の国際流通に占めるそれらの割合を把握することは困難だとしながらも、淡水魚では95％が完全養殖であろうと予想している。一方、海水魚の場合はなお天然資源への依存度が高いという。

　FAO統計から輸出入国やそのトレンドを見ていこう。図11-1には本稿執

出所：FAO Fishstat, Ornamental Fishの合計

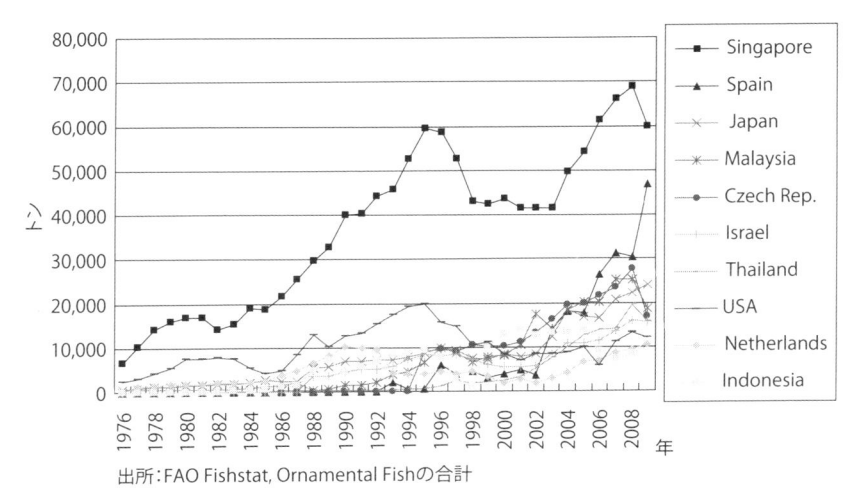

図11-1　観賞用魚の主な輸出国と輸出金額の推移

筆時点での直近である2009年の輸出金額における上位10ヵ国の、1976年から33年間のトレンドを示している。同図に見るように、シンガポールの輸出金額が他国の群を抜いて大きく、その後にスペイン、日本が続く。トレンドで見ると、米国はかつて世界第2位の輸出国だったが、2000年以降にその地位を明け渡している。チェコは1996年以降、主要な輸出国となっている。スペインにもチェコと同様の傾向が見られる。

Ploeg(2007:51-64)はスペインとチェコについて次のように解説している。すなわち、チェコは社会主義時代から熱帯魚の養殖と輸出で定評があり、EU諸国との交流が進むにつれ輸出基地となっていった。一方スペインには養殖施設も採捕もないため、アフリカと南米からヨーロッパに向けて輸出される際の検閲地（inspection area）になっていると見られるという。シンガポールも同様に、東南アジアから他地域へ輸出される際のゲートウェイ機能を担っている。しかし後述するように、情報技術と物流の発達に伴い、シンガポールにおける集荷・分荷機能は次第にその重要性を後退させている。米国の輸出国としての地位の後退にもシンガポールと同様の事情があるのかも

しれない。というのは、Ploeg(2007:54-57)によると米国のマイアミとロサンゼルスは南米からの航空便の中継地であり、そのために貿易金額が膨らんでいた可能性があるからである。マイアミには養殖場もあるが、それは輸出というより国内流通用とのことである。

表11-4には2009年の輸出金額上位10ヵ国およびその順位には入っていない東南アジア諸国の輸出金額を掲載している。輸出金額の合計は3.2億米ドルで、その輸出シェアは少数の国に集中している。2009年に輸出実績が記録されている国は104ヵ国あるが、世界第3位の日本を含め上位5ヵ国で輸出金額の過半を占める。観賞用魚の生産量、金額についてはFAO統計に記述されていない。Ploeg(2007:51-54)は、中国（輸出の16位）について、中国の南部において相当の生産が行われているが、国内向けであるため輸出金額としては現れないと解説している。

表11-4
観賞用魚の主な輸出国と貿易金額に占める割合
(2009年)

順位	輸出国	金額（千US$）	シェア（％）
1	Singapore	59,940	19.0
2	Spain	46,836	14.8
3	Japan	24,022	7.6
4	Malaysia	18,664	5.9
5	CzechRep.	16,967	5.4
6	Israel	15,646	5.0
7	Thailand	15,622	1.9
8	USA	12,139	3.8
9	Netherlands	10,378	3.3
10	Indonesia	10,019	3.2
14	Philippines	6,436	2.0
16	China	5,065	1.6
22	Taiwan	2,698	0.9
24	VietNam	2,045	0.6
25	HongKong	1,781	0.6
	世界計	316,011	100.0

出所：FAO Fishstatから作成

2）観賞用魚の輸入

観賞用魚の最大の輸入国は米国である。図11-2に示すとおり、日本は1994年をピークとして米国に迫る大きな市場であったが、直近の2009年

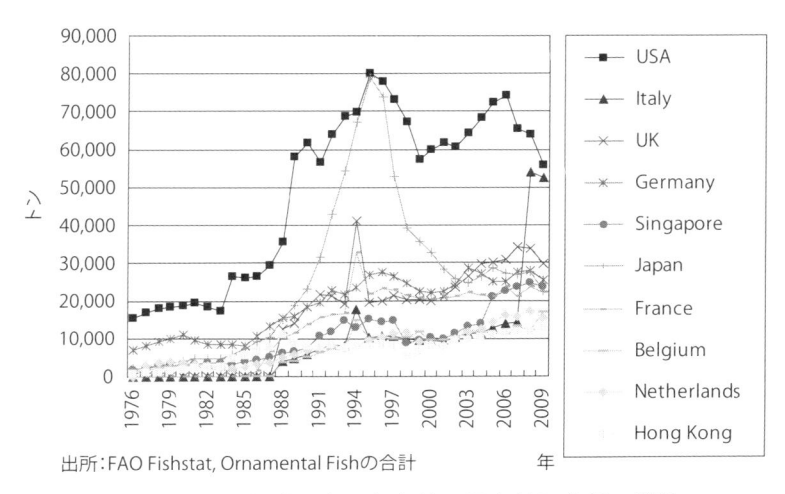

図11-2　観賞用魚の主な輸入国と輸入金額の推移

出所：FAO Fishstat, Ornamental Fishの合計

の輸入金額は6位に後退している。こうした事情として考慮しなければならないのは為替レートと経済情勢である。FAO統計は米ドル建てで表示されるため、1985年以降の日本の輸入金額の伸びについては、プラザ合意後の円高を勘案する必要があろう。また、景気後退が観賞用魚の需要にどの程度の影響を及ぼすかは議論のあるところであろうが、1997年のアジア通貨危機が東南アジアの需要に負の影響をもたらしたこと、同時に日本でも金融機関の破綻など景気悪化が見られたことと輸入金額の低下とは軌を一にしている。「熱帯魚ブーム」という流行の影響もあろう。

表11-5には直近である2009年の輸入金額におけるトップ10の国々とその他の東南アジア諸国を列挙した。米国やシンガポールが輸出国としても輸入国としても上位に現れているのは、既述のとおり前者が南米からの、後者が東南アジアからのゲートウェイとなっているからである[3]。2009年に何らかの輸入実績のある国は145カ国あり、輸入金額の合計は3.74億米ドルであるが、輸出と同様に上位5カ国で輸入金額の過半を占める。東南ア

表 11-5
観賞用魚の主な輸入国と貿易金額に占める割合
（2009年）

順位	輸出国	金額（千US$）	シェア（%）
1	USA	56,003	15.0
2	Italy	52,567	14.0
3	UK	29,909	8.0
4	Germany	25,385	6.8
5	Singapore	23,336	6.2
6	Japan	22,324	6.0
7	France	21,887	5.8
8	Belgium	16,931	4.5
9	Netherlands	15,463	4.1
10	HonKong	12,717	3.4
14	Malaysia	5,354	1.4
19	Korea	4,020	1.1
	世界計	374,387	100.0

出所：FAO Fishstat から作成

ジア諸国はシンガポールを除けば大きな位置を占めておらず、代わりにイタリア、英国、ドイツなどヨーロッパの諸国が上位に名を連ねている。ここから東南アジアで生産し、欧米で鑑賞されるという構図が描かれる。

3）貿易と開発、貿易と環境の問題

　天然の観賞用魚の採捕は、既述のFossaの見積りによると5％と少ない。しかし観賞用魚業界では「天然資源の採捕は生態系保全と貧困回避に役立っており、養殖推進よりむしろ望ましい」という考え方が持たれている。その論理は次の通りである。Ploeg(2007:54) によると、輸出全体の63％は途上国からの輸出が占めている。したがって観賞用魚産業は貧困回避に役立っており、輸出国政府は支援をしている。Fossa(2007:17-19) によると、南米では観賞用魚がもたらす利益が認識されるようになってきている。天然資源を採捕する業者は地方の個人経営者が多く、採捕して販売することで利益にな

ると分かれば、地域の水質や生態系保全・資源保護を行うインセンティブにつながる。そのことが現地の人々に安全で持続的な収入をもたらす。これが天然資源採捕を奨励する論理である。また同氏はビジネス面からも、天然資源の採捕は新種の発見につながること、養殖が困難で天然資源に依存せざるを得ない種類もあることから採捕には生産者にも流通業界にもメリットがあると述べている。

　一方、Fossa(2007:14-16) によると養殖のメリットとデメリットは次の通りである。まず、養殖魚は何代にもわたって掛け合わせてきたため、バラエティが豊かで、魚の品質が高い。人工的な環境での生活に慣れており、健康面では野生種より長寿になる魚もいる。しかし原産地から遠く離れた場所で養殖されているため[4]、その利益が原産地国ではなく養殖地にもたらされる。養殖ビジネスは天然資源の採捕より組織的に行われ、富は少数の経営者に集中する傾向があるという。しかしインドでは小規模なブリーダーを国が奨励し、スリランカでは幼魚の中間育成プロジェクトが存在する。そのような取組においては貧困の改善に役立ってはいる。これが同氏の主張である。

　同氏はまた、魚の厚生（fish welfare）に留意しているものの、貿易に反対するグループが活魚の貿易に目を光らせているとコメントしている。

　ここに引用した文献はオランダに事務局を置く観賞用魚の国際団体であるOFI（Ornamental Fish International）の発行している啓蒙書であるため、業界擁護的な論調になることは差し引いておく必要があるとしても、野生種の採捕と養殖についてこうした捉え方があることは一考に価するであろう。

4　輸出元の状況

1）マレーシア

　マレーシアにはかつて多くの固有種が存在したが、乱獲や環境の変化によって野生種は質・量ともに減っている。それに代わって、ハイブリッド化された養殖魚の多様化が進んでいる。マレーシアでは得意とする養殖種には地域的な特化が見られる。たとえばペナン島はディスカスの養殖を得意とし

ている。ディスカスの養殖・流通・貿易をする企業は DSM(Discus Society of Malaysia) という業界団体を組織している。DSM の元会長である Foo Pin Khoool 氏[5]によると、ディスカス養殖の歴史は古く、1950 年代には原産地である南米での採捕とタイでの養殖がなされていたが、次第に気候条件やハイブリッドによる観賞用魚の分化が進んだペナンが主要産地となっていった。ディスカスがブームになったのは 2000 年から 2010 年で、日本向けにこの間相当の輸出が行われた。最盛期は養殖業者も 60 社程度あったが、調査時点の 2011 年ではその数が半減している。

　ディスカスの養殖は小型の水槽を 2 段、3 段と積み上げて、集約的に増殖生産をする方法で行われている（写真 11-2）。業者のなかには掛け合わせによって固有の色や文様をつくり出す研究家もおり、また自社製品のみならず他社製品の輸出業務を請け負う業者も存在する。熱帯魚機器や餌の製造・販売まで兼業する会社もある。このように業者によって業務への特化の度合いと事業規模は異なっている。業者ヒヤリングをしたところ、「勘で育てている」という養殖業者と「勘ではだめだ。記録を採って科学的に飼育している」という業者の両方が存在した。従って、1 日当たりの給餌回数や水交換回数は業者によって異なる。とはいえ 1 日 1 回以上給餌と水交換は行われており、

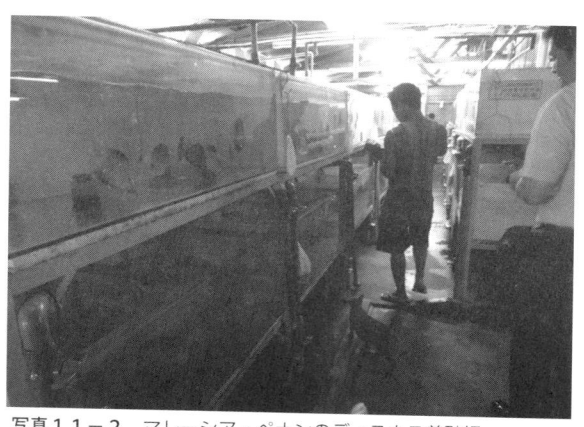

写真１１−２　マレーシア・ペナンのディスカス養殖場
（2011 年 4 月筆者撮影）

飼育には手間がかかっている。水の管理は重要で、給水前に屋外に設置した大型のタンクで1－2日かけて浄水を行っている(写真11-3)。餌は「バーガー(fish burger)」と呼ばれ、オーストラリアから輸入した牛の心臓をベースにエビや野菜を混ぜたオリジナルの餌を養殖業者が各自調合して与えている。

　半年から1年程度をかけて成魚となったディスカスは輸出される。輸出業者はマレーシアに100社程度あり、そこからシンガポール、および欧米の需要先へ直接輸出される。魚はABCの3段階にグレード分けされ、全体の上位60％の高級魚は直接輸出、残り40％はシンガポールへの輸出と国内での販売に充てられるという。またかつてはシンガポールを経由するのが主な輸出経路であったが、今日では「ダイレクト・マーケティング」が盛んになっているという。

　ペナンがディスカスの産地として台頭しているのと同様に、マレー半島北部のイポーはアロワナ産地として養殖業者が集積している（写真11-4）。イポーがアロワナ産地となった理由として、かつてイポー周辺の池に天然のアロワナが生息していたため、生活環境が適していることが上げられている。アロワナ関連業者の団体としてArowana Associationがあるがディスカスの DSMほど組織的な活動は行われていない。かつてはスズの採掘跡地だった

写真１１－３　マレーシア・ペナンの
　　　　　　　養殖場の給水タンク
　　　　　　　（2011年4月筆者撮影）

写真１１－４　マレー半島・イポーの道路に
　　　　　　　林立するアロワナ養殖販売店の看板
　　　　　　　（2011年4月筆者撮影）

198　第 11 章　観賞用魚の国際物流

写真11－5　イポーのアロワナ養殖場　(2011 年 4 月筆者撮影)

写真11－6　イポーのアロワナ販売店 (2011 年 4 月筆者撮影)

という陸地の水田状の区画に水を張って養殖(写真 11-5)し、街道沿いには小売店も点在している(写真 11-6)。観賞用魚の養殖生産は、たとえばディスカスの場合はもっぱら華人系の業者が担っているが、イポーではマレー系の人々がアロワナ養殖をできるよう、国としての優遇措置が採られているとのことであった[6]。

　アロワナは空腹になると共食いをする凶暴な性質があるため、幼魚の時期を過ぎると個別の水槽で飼育される。「ハイバック(highback)」と呼ばれ

る、背面にまで鱗の文様が浮かび上がっているものであって、その色が金色（Malaysian Gold）か暖色系統のものが高級品とされているが、ディスカスのようにハイブリッドによってその品質を作るのが難しいとのことであった。魚体も大きく、単価も高いが、健康に過ごせば15年も生きる長寿種でもある。その野蛮性から欧米人には好まれず、輸出はもっぱら中国および華人に向けられているとのことである[7]。

2）シンガポール

　シンガポールにもかつて固有種はいたが、もともと国土が狭いため他のアジア諸国に比べて野生種の質と量が豊富なわけではなかった。しかし中継貿易港としての貿易のノウハウが奏功し、アジア諸国の観賞用魚の輸出ゲートならびに見本市会場として発展していった。シンガポール内にもこいの養殖場や熱帯魚種の養殖場がある（写真11-7）。それらの会社の多くは小売りと貿易を兼ねている。シンガポールでは一般家庭でも熱帯魚を飼育する習慣が根付いているため、一定の国内市場も存在する。

　シンガポールの見本市会場としての役割は、近年停滞しつつある。というのは、近隣の東南アジア諸国が力をつけ、独自で顧客を獲得できるようになっ

写真11-7　シンガポールの大手養殖・販売会社の展示場（2011年5月筆者撮影）

てきているためである。ICT技術の発達と航空便数の増加が個別販売を後押ししてきた。たとえばシンガポール経由での取引を通じていったん外国に取引先を見つけると、その後はインターネットで写真や動画を配信し、その画像・映像を見た顧客が直接生産者から買い付けるという方法が採られるようになってきたのである。

　輸出先が決まった魚は、防疫のために1～2週間隔離された後、水と酸素とともに一尾ずつポリ袋に入れられる（写真11-8）。小型で共食いをしない魚種は十匹単位で一つの袋に同包することもある。その後ダンボールに入れ、検疫所に送られる。検疫には1～3週間を要する。その間、観賞用魚は温度管理された倉庫の中で袋詰めされたまま放置され、病害虫などの発生がないかを監視される。政府の承認を得て民間企業が検疫を担っているケースもある。シンガポールにはこうしたノウハウとビジネスチャンスがあり、マレーシアの養殖魚の輸出を取り込み、世界からの信頼を得るに至っている。

　検疫を終えた観賞用魚は輸出先まで空輸される。送り出し時点で生存していることは当然のことながら、一定の生残率を保証するという契約のもとで取引が行われ、到着時点で生残を相互に確認し合うという信頼関係にもとづ

写真11-8　シンガポールの輸出会社で袋詰め作業（2011年5月　筆者撮影）

く商慣行が定着しているようであった。日本がこれらの輸出元にとってはプレミア市場であり、最も高価な魚の販売先であることは、各業者が異口同音に話していた。しかし、その市場規模は縮小しつつある。代わって、元々大きな市場であった北部ヨーロッパに加えて、東ヨーロッパが新たな購入先になっている。

5 おわりに

　観賞用魚の生産と貿易におけるアジアの競争と分業のダイナミズムについての暫定的な構図を図11-3に示した。今後の研究の課題として、他の地域（南米、アフリカなど）の野生種の増養殖のための受け皿としての東南アジア諸国の位置づけ、増養殖技術の進展と生態系保全との関係、珊瑚など希少海水

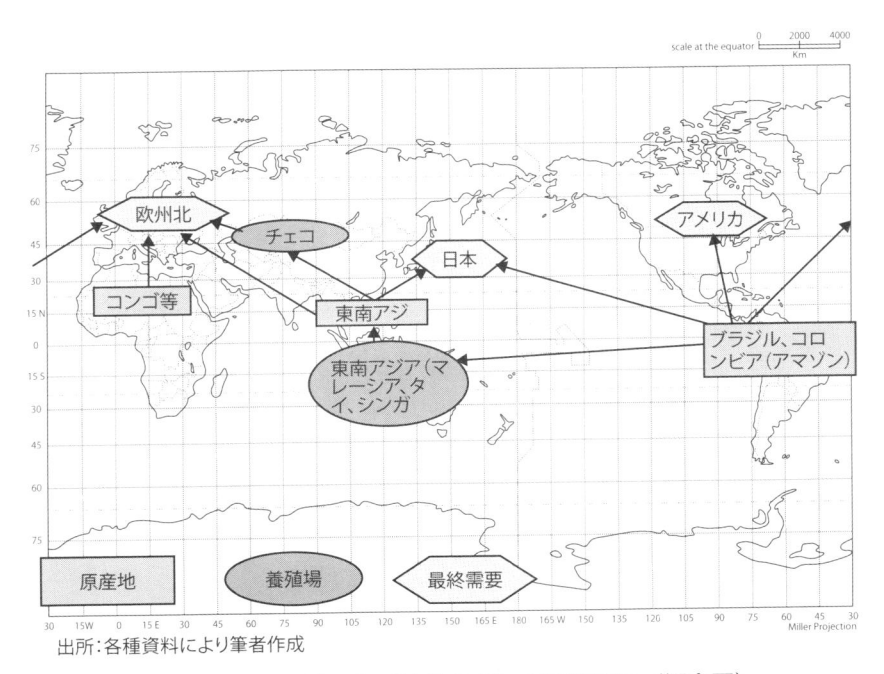

出所：各種資料により筆者作成

図11-3　観賞用魚（熱帯魚系）の国際流通（概念図）

生物種の貿易動向[8]、ニューマーケットとしての中国市場との関係、生息地から遠く離れ、隔離された環境における魚の厚生（fish welfare）、アジア内での競争と他地域との競争の構造の解明などを上げておきたい。

参考文献

Fossa, Svein A. 2007 *Description of the Supply Chain, in International Transport of Live Fish in the Ornamental Aquatic Industry,* OFI Educational Publication.

Ploeg, Alex 2007 *The Volume of the Ornamental Fish Trade, in International Transport of Live Fish in the Ornamental Aquatic Industry,* OFI Educational Publication.

---

[1] 観賞用魚の研究については本科研費を契機に開始したばかりであるため、本章では実態調査に基づき明らかになった点を述べ、観賞用魚貿易に関する問題提起をするにとどめる。原稿執筆にあたっては、大東文化大学特別研究費の助成を受けた。

[2] この内訳については現時点ではまだ調査できていない。

[3] FAO統計には観賞用魚の再輸出（re export）の項目もあるが、ほとんど何も計上されていないため、ここでは参照しないこととする。

[4] ここでは地域名は特定されなかったが、南米やアフリカの原産種が東南アジアで養殖されていることを暗示していると考えられる。

[5] 2011年4月ヒヤリングによる。

[6] この段落の記述は2011年4月、Foo Pin Khool氏の解説と現地視察による。

[7] この段落の記述は2011年4月、Foo Pin Khool氏の解説と現地視察による。

[8] シンガポールの大手養殖・販売会社では複数の養殖珊瑚も展示販売されていた。

おわりに

山尾政博

1） 適応力のある地域漁業

　本書全体を通じて、東南アジアをはじめとする東アジアでは、予想以上にグローバル化やリージョナル化に対応する地域漁業の姿があることが明らかにされた。それは、もともと輸出志向性の強い漁獲漁業・養殖業が発展していることから予想されたことだが、零細規模の漁家の経営や資源の利用にまで及んでいる。それは単に、世界の水産物輸出市場に向けた生産が行われている、というものだけではない。水産資源の管理から、流通・加工、さらには水産食品の衛生管理や種々の認証手続きを含めて、グローバル化への対応が予想以上に進んでいる。

2） 東南アジア水産業の前進

　日本との対比において、東南アジアや広く東アジアの水産業をとらえると、見逃すことができない二つの動きがある。

　ひとつは、日本の水産加工業が、生産工程管理などのシステム化が遅れていることである。逆に、東アジアの水産加工企業では世界市場に対応できるHACCPやその他の管理システムの導入が進んでいる。もちろん、これは全ての水産加工分野においてということではなく、輸出対応を経営戦略としている企業を中心にしたものである。この端緒は、豊富な資源、安価な労働力を求めて海外に生産拠点を移した日本企業によって作られたものであった。それが今日、東アジアは世界的な食品産業の拠点として発展をとげ、高度な装備と高い技術力をもった水産食品企業を多数輩出している。

　日本では、海外産の高次加工を施した安価な水産物を使った外食・中食

チェーンのビジネス・モデルが広く定着しているが、それは東アジアの拠点国の食品産業の発展に支えられたものである。そこでは、大量生産・大量消費への対応はもとより、少量・多品種生産にも応えられる態勢がとられている。現在は、拠点となる国と周辺国（及び遠隔地の漁業先進国）との間に高度な分業関係があり、ネットワーク的な食品産業が発達している。

　一方、日本の水産加工業は国内外において競争力を失い、生産基盤がいちじるしく脆弱化し、空洞化していった。それが、様々な国際基準への適応と戦略的対応をいちじるしく遅らせた大きな原因だ、と言える。

３）「持続的な資源利用」の実現と認証化に向けた動き

　今ひとつの見逃せない動きは、水産業をめぐる資源・環境規制、IUU（違法、無規制、無報告）漁業への取組、資源の持続的利用をはかるための漁具・漁法の開発と普及、マングローブ植林など沿岸域生態系保全の活動、MPA（Marin Protected Area, 海洋保護区）の設置等、「責任ある漁業」「責任ある養殖業」等に関するさまざまな政策が準備され、活動がなされていることである。十分な成果があがっていないものも多いが、取組の姿勢は評価されてよい。一方、これらと深く関連するが、各種の認証の導入や普及が本格化している。

　特に、輸出志向型の養殖業では、生産工程管理、いわゆる Good Aquaculture Practice(GAP) の普及に向けた努力がなされている。企業、養殖業者の個別単位での認証化が難しい場合には、グループや地域を単位とする認証化も行われている。グローバル経済の波が零細生産者に及ぼす否定的な作用をみると、こうした取組や努力は、輸入相手先である先進国市場に対する過剰対応とみなすことができる。

　だが、東南アジアにとっては、GAPなどの認証化を進めることには二重の意味がある。

　第１には、生産工程管理を養殖経営、流通・加工までもカバーする内容に発展させながら、輸出競争力を高めて、EU市場を頂点とする水産物貿易市

場に向けた戦略そのものである。EU以外の輸出先についても、相手が求める認証との同質性を確保しておくことによるメリットは大きい。

　第2には、世界的に民間ベースの様々な認証化の動きがあるが、それに先駆けて国際的に通用する国内認証をもつことは、貿易の自由化の流れから、国内の生産者を守る役割を果たすことになる。つまり、自国の食料の安全保障の視点にたった認証作りであり、きわめて戦略的な水産政策であると考えられる。

4）　水産物貿易の地域統合化への貢献

　東南アジアでは、FAOの提起を受けて、1990年代後半から「責任ある漁業」「責任ある養殖業」に関する議論が本格化した。これは、東南アジア漁業開発センター（Southeast Asian Fisheries Development Center, SEAFDEC）を中心に提言化され、アセアンを通じてガイドラインになって広く普及している。まだまだ実質化されているとは言えないが、地域内での合意作りは、将来的にはアセアン経済共同体内の、水産政策の共通化に向けて、何らかの貢献をするのではないかと予想される。

　水産物は、農産物以上に国境を越えて流通・消費されてきたが、この20〜30年間の水産物貿易は、水産業および食品産業の域内分業関係の動きを反映したものになりつつある。東南アジア諸国の水産業は、相互に激しい競争関係に立つ一方、水平的かつ垂直的な役割分担を作りあげている。水産業クラスターが東南アジア及び中国に成立したことを反映している。

　また、域内市場の統合化への動きは、水産業に関する様々な手続きやルールを相互に近づける政策を必要としている。農産物でもみられるが、養殖の生産工程管理についてもアセアンGAPとでも呼ぶべき、システム作りの機運もでている。

　東南アジアの水産物貿易をめぐるこのような動きは、中国、日本、韓国、台湾らと結びついて、今まで以上にダイナミックに動いていく可能性がある。

国内の経済成長にともない、水産物の消費需要が増大している。これがどのように水産業や貿易に影響を与えるか、検討すべき課題は多い。

索引

あ
アケガイ	92
アジア通貨危機	193
アセアン経済共同体 (AEC)	18,205
油漬け	39
アメリカ	101
アメリカ市場	68,76
アロワナ	190,197,198

い
イカ	90
生きている魚	187
インドネシア市場	73, 76
インドネシア資本	62

え
衛生管理	203
衛生証明書	107,108
エコ・アイコン	172
愛媛県	98,103
塩乾もの	21

か
海外まき網	53
外食	120
外部化・簡便化	28
買い負け	88
カタクチイワシ	21
カツオ（Skipjack）	37,44
活魚	20
カニ加工業（ピッキング）	152
カニカゴ	150
カニカマ(かに風味かまぼこ)	123,124,125,132,134
カニ集荷業	150
カニ・ミート	153
カニ輸出	145
貨物便	99
韓国	97,101,104

き
キハダ（yellowfin）	37,44,57,62,73
キャットフード	50
魚介類供給量	12
巨大消費市場圏	16
魚卵	120,124,126
金魚	187

く
クラシック味	39,55
クロマグロ	37

け
経済連携協定 (EPA)	4,14

こ
こい	187
航空便	101,104,105
固形の身	39
国境貿易	20
混獲	37

― 索 引 ―

コンテナ輸送	23	水産物輸出	97
さ		水産物輸入	12
サケ	124,126	寿司	120,125
在来型	19	寿司ネタ	132
魚の厚生	195,202	**せ**	
魚離れ	5	生態系保全	194,201
サーモン	132	責任ある漁業	204
刺身	86	責任ある養殖業	204
サメ類	165, 169	鮮魚	20
	172, 182	鮮魚出荷	105
珊瑚	190,201	鮮魚専門店	118,120,127
産地証明書	106	**た**	
し		タイ風日本食	132
食品産業クラスター	134	太平洋島嶼国	47
資源立地型	93,163	ダイレクト・マーケティング	197
資本・技術移転	17	タイワンガザミ（ワタリガニ）	143
自由貿易協定(FTA)	4,14	台湾資本	62,90
需給調整	106	タツノオトシゴ類	165, 170, 172,
種苗生産	24		173, 174,
シュモクザメ類	169, 182		175, 176, 180,
商業的漁業	159		181
消費促進策	37	**ち**	
少量多品種	93	地域漁業管理機関	171
食生活	120,122	域内貿易	18
シラス	88	中間層	131
シンガポール	117	調理済み	39,49
す		チルド商品	101
水産業クラスター	205	ディスカス	196
水産政策のEU化	29	**て**	
水産物加工流通企業	98	天ぷら	86

― 索 引 ―

と
動物検疫検査	108,109
毒ギョウザ事件	93

な
ナマコ類	165, 166, 167, 176, 177, 178, 179, 180

に
日本産食材	130,135
日本市場	68,75
日本食	129
日本食ブーム	18,132,134
日本食レストラン	130
認証	203

は
はえ縄	53
ハタ	21
パヤオ	45
ハラール	51
パラパラ（卸売業者）	89,149
バンコク	129
板鰓類	169

ひ
東日本大震災	6
標準化	29
ビンナガ（Albacore）	37,44

ふ
フィリピン	77
フェリー輸送	84
富裕層	131
ブリフィーレ	98,100
プロダクト・サイクル	47

へ
ベノア	60,63

ほ
放射能検査	106
ほぐし身	39
香港	100,104,106

ま
前貸し金	89
マグロ加工企業	66,71
マグロ漁業	83
マグロ産業	60
マグロ延縄船	67,69
マグロ旋網船	71
マグロ類	165, 171
マダイ活魚	104,108
マニシパル漁業	79,146

み
水煮	39
ミナミマグロ	37
ミルクフィッシュ	82

め
メバチ	58,62,73

ゆ
ユーロ	12
輸出志向型水産業	6
輸出志向型	37,40,41
輸出需要	163

― 索 引 ―

よ

養殖エビ	83
養殖業	24
養殖ブリ	97
養殖マダイ	97

り

リジェクト品	65,69,71

れ

冷凍商品	100,101
レトルト	40

（アルファベット）

DSM(Discus Society of Malaysia)	196
EEZ	46
EU・HACCP	82
FAO	171, 178, 179, 180, 185
GAP	4,204
HACCP	4,98,102,203
IUU漁業	204
Johor Bahru	121
Jurong Fish Market	121,124
MSC	4
NDF	180
NGO	173, 179, 180, 185
OEM	40
OFI(Ornamental Fish International)	195
PNA(the Parties to the Nauru Agreement)	46
RST	180
Seiko Fish Market	121,124
TPP	31

図・表・写真一覧

図表番号	図表写真名
表2-1	1人当たり魚介類供給量(大陸、経済グループ別)2009年
表2-2	世界の10大輸出国の動き
表2-3	世界の10大輸入国の動き
図2-1	アジア巨大水産市場の統合と拡大(2008～)
図2-2	東アジアの水産食品産業クラスターと世界の水産業
図2-3	東アジアの周辺消費市場圏
表2-4	一般的な在来型貿易の状況
表2-5	養殖用種苗等の貿易
図2-4	輸入国規定による生産管理手法導入の強まり
表3-1	マグロ類の種類と用途
写真3-1	缶詰用マグロ4種の生鮮肉(上段)と缶詰肉(下段)
写真3-2	韓国のマグロ缶詰のバリエーション
表3-2	用途別・素材別マグロ缶詰の種類
図3-1	缶詰用カツオ・マグロ漁獲量TOP12(2009)の推移
図3-2	マグロ缶生産量TOP10(2009)の推移
図3-3	マグロ缶詰生産と貿易の概念図(2009年、単位:千トン)
図3-4	世界のカツオ・マグロ生産量の推移
図3-5	太平洋島嶼国の排他的経済水域概略図
図3-6	中西部太平洋での缶詰用カツオ・マグロの国別生産量の推移(1970-2010)
図3-7	マグロ缶詰生産のプロダクト・サイクル(概念図)
写真3-3	タイ、ソンクラの漁港に水揚されたカツオ
写真3-4	タイ、ソンクラの漁港で仕分け中のカツオ
図3-8	日本のカツオ・マグロ漁獲量の推移
図3-9	韓国のカツオ・マグロ漁獲量の推移
表3-3	日韓の漁法別漁船隻数と集中度
図3-10	韓国の漁業会社別漁船保有隻数の内訳
図3-11	日韓のマグロ漁業・缶詰加工業の発展経路
図4-1	日本への生鮮キハダ供給量の推移
図4-2	日本への生鮮メバチ供給量の推移
図4-3	日本への冷凍フィレ供給量の推移
図4-4	日本へのマグロ缶詰供給量の推移
図4-5	インドネシアにおけるマグロ産業の立地図とベノアの位置
図4-6	ベノアにおけるマグロ漁船数の推移
図4-7	ベノアにおけるマグロ水揚げの推移
図4-8	マグロの漁獲から出荷までの流れ
図4-9	マグロの漁獲海域
図5-1	A社の操業体制と輸出相手先

写真5-1		B町の水揚げ場での取引の光景
図5-2		パナイ島バナテ町からA社への原料魚の流れ
写真5-2		イカのヌメリを丁寧に処理
写真5-3		多種類の魚種が処理される
図6-1		A社の年間加工スケジュール
図6-2		B社の年間加工スケジュール
図6-3		愛媛から香港までのリードタイム
表6-1		愛媛県から水産物を輸出する際に必要な証明書
図6-4		輸出を行う産地企業と東アジア企業との日本産食品における取引関係
図7-1		日本産水産食品の輸入金額
図7-2		関税コード別にみた日本産水産食品の輸入金額
図8-1		バンコク市内で展開する日本食レストランの分布
写真8-1		バンコクの日本食レストラン
写真8-2		バンコクでみられる寿司
表8-1		タイ人が好む魚
図9-1		パナイ島バナテ湾の位置
図9-2		ワタリガニ生産量及び生産額の推移
図9-3		カニ輸出量及び輸出額の推移
図9-4		カニ形態別輸出額の推移
図9-5		アメリカのフィリピンからのワタリガニ類輸入量
図9-6		カニの輸出チャネルと国内流通
写真9-1		カニカゴを積んだ漁船
写真9-2		集荷したカニ
写真9-3		茹でた後の乾燥
表9-1		ワタリガニの買付価格と販売価格（J氏）
写真9-4		加工場内の様子
表9-2		集荷・加工から得られる利益（J氏）
図9-7		ワタリガニの流通ネットワーク
表9-3		サイズ別買い取り価格
表9-4		ＭＳ社の販売用規格と価格
写真9-5		サンチアゴ村にある集荷場の様子
図10-1		エクアドルとペルーから香港へ輸入された乾燥ナマコ（１９９２～２００４）
表10-1		CITES附属書Ⅰならびに附属書Ⅱに掲載されている魚類（２３属、９６種）
表10-2		ワシントン条約附属書Ⅰおよび附属書Ⅱに掲載されている魚類と発効年
表10-3		CITESにおけるナマコ関連文書一覧
表11-1		水産物貿易と観賞用魚の貿易(2013年)
表11-2		金魚、こい、観賞用魚の輸出(2013年)
表11-3		こい及び金魚、観賞用魚の輸入(2013年)
写真11-1		インドネシア・ジャカルタの観賞用魚市場
図11-1		観賞用魚の主な輸出国と輸出金額の推移
表11-4		観賞用魚の主な輸出国と貿易金額に占める割合(2009年)
図11-2		観賞用魚の主な輸入国と輸入金額の推移
表11-5		観賞用魚の主な輸入国と貿易金額に占める割合(2009年)

写真 11 − 2 　　マレーシア・ペナンのディスカス養殖場
写真 11 − 3 　　マレーシア・ペナンの養殖場の給水タンク
写真 11 − 4 　　マレー半島・イポーの道路に林立するアロワナ養殖販売店の看板
写真 11 − 5 　　イポーのアロワナ養殖場
写真 11 − 6 　　イポーのアロワナ販売店
写真 11 − 7 　　シンガポールの大手養殖・販売会社の展示場
写真 11 − 8 　　シンガポールの輸出会社で袋詰め作業
図 11 − 3 　　　観賞用（熱帯魚系）の国際流通（概念図）

執筆分担一覧

山尾政博(1章・2章・5章・9章・おわりに)

 岡山県生まれ　北海道大学大学院農学研究科博士課程後期修了　農学博士
 現在、広島大学大学院生物圏科学研究科　教授
 水産経済、東南アジアの農漁村開発論、食料貿易論、国際協力論
  『日本の漁村・水産業の多面的機能』(共著)、『食と農の今』(共著)、『開発と協同組合』、『東アジア水産物貿易の潮流』、「東アジア巨大消費市場圏の成立と水産物貿易」、「東南アジア沿岸域資源管理の潮流」など

山下東子(3章・11章)

 大阪府生まれ　同志社大学経済学部卒業　博士(学術)広島大学
 現在、大東文化大学経済学部　教授
 水産経済、産業組織論
  『魚の経済学』、『東南アジアのマグロ関連産業』、『日本の漁村・水産業の多面的機能』(分担執筆)、『漁業者高齢化と十年後の漁村』(編著)など

鳥居享司(4章・7章)

 愛知県生まれ　広島大学大学院生物圏科学研究科博士課程後期修了　博士(学術)
 現在、鹿児島大学水産学部　准教授
 水産経済、水産経営学
  「離島漁業への公的支援と漁業構造の変化」、「マグロ養殖への資本参入と漁場利用実態」、「魚類養殖業における輸出拡大の現状と産地へのインパクト」など

Achmad Zamroni, S.Pi, M.Sc., Ph.D (4章)

 インドネシア生まれ　広島大学大学院生物圏科学研究科博士課程後期終了　博士(学術)
 Research Centre for Marine and Fisheries Socio Economic, Agency for Marine and Fisheries research, Ministry of Marine and Fisheries Affairs, Republic of Indonesia. (海洋水産省)、調査官
 水産海洋社会、社会開発、村落開発、沿岸域管理
  "Assessment of the Socio-Economic Impact of the Small-Scale Natural Resources Management Program (SNRM) in Indonesia: Case Study in Two Fishing Communities of South Sulawesi"、"The Development of Seaweed Farming as Sustainable Coastal Management Method in Indonesia: An Opportunities and Constraints Assessment,in Brebbia"、"An Assessment of Farm-to-Market Link of Indonesian Dried Seaweeds: Contribution of middlemen toward sustainable livelihood of small-scale fishermen in Laikang Bay"

天野通子（6章・8章）
　　広島県生まれ　広島大学大学院生物圏科学研究科博士課程後期修了　博士（学術）
　　現在、愛媛大学南予水産研究センター　助教
　　水産経済、食生活論
　　　「漁村女性グループによる6次産業化の経営の自立化に対する要因分析」（共著）、「自立した6次産業化への道」、「現代中国における都市住民の食生活に関する一考察―山東省および重慶市での親子間アンケートを事例として―」（共著）

赤嶺淳（10章）
　　大分県生まれ　フィリピン大学大学院人文学研究科フィリピン学専攻修了　Ph.D.
　　現在、一橋大学大学院社会学研究科　教授
　　東南アジア地域研究、食生活誌学、フィールドワーク教育論
　　　『ナマコを歩く――現場から考える生物多様性と文化多様性』、『捕鯨の文化人類学』（共著）、『クジラを食べていたころ――聞き書き　高度経済成長期の食とくらし』（編著）、『高級化するエビ・簡便化するエビ――グローバル時代の冷凍食』（共著）

東南アジア、水産物貿易のダイナミズムと新しい潮流

2014年8月28日　初版発行

編　著　　山尾　政博
発行者　　山本　義樹
発行所　　北斗書房
〒132-0024 東京都江戸川区一之江８－３－２
電話 03-3674-5241　ＦＡＸ 03-3674-5244
URL http://www.gyokyo.co.jp

印刷・製本　　モリモト印刷
カバーデザイン　㈱クリエイティブ・コンセプト
ISBN 978-4-89290-027-3 C3063

本書の内容の一部又は全部を無断で複写複製（コピー）することは、法律で認められた場合を除き、著者及び出版社の権利障害となりますので、コピーの必要がある場合は、予め当社宛許諾を求めて下さい。

══ 北斗書房の本 ══

変わりゆく日本漁業
その可能性と持続性を求めて

多田　稔・婁　小波・有路　昌彦・松井　隆宏・原田　幸子　編著

2014年8月2日　第1刷発行
ISBN978-4-89290-028-0　　3,500円＋税

『コモンズの悲劇』から脱皮せよ
日本型漁業に学ぶ　経済成長主義の危うさ

佐藤力生 著　　　　　　　　　　　1,600円＋税
2013年11月28日　第1刷発行
ISBN978-4-89290-026-6　　　　　　四六判254頁

海女、このすばらしき人たち

川口祐二 著　　　　　　　　　　　1,600円＋税
2013年10月31日　第1刷発行
ISBN978-4-89290-025-9　　　　　　四六判227頁

══ 漁協経営センターの本 ══

月刊　漁業と漁協

- 毎月1回1日発行　●年間予約購読料　12,336円（税・送料込）
- 定価1冊につき1,028円（税・送料込）

経営管理の問題にタイムリーな記事を特集／実務の入門から研究まで。関係法令入門、税務・会計入門、経営改善／水協組監査士受験資料／経営事例、営漁指導

水協法・漁業法の解説 （20訂版）

漁協組織研究会 著　　　　　　　　7,000円＋税
ISBN978-4-897409-048-0　　　　　　A5判792頁